ŒUVRES

MATHÉMATIQUES

D'ÉVARISTE GALOIS.

Paris. — Imprimerie GAUTHIER-VILLARS ET FILS,
quai des Grands-Augustins, 55.

ŒUVRES

MATHÉMATIQUES

D'ÉVARISTE GALOIS,

PUBLIÉES

SOUS LES AUSPICES DE LA SOCIÉTÉ MATHÉMATIQUE DE FRANCE,

AVEC UNE INTRODUCTION

PAR

M. ÉMILE PICARD,

MEMBRE DE L'INSTITUT.

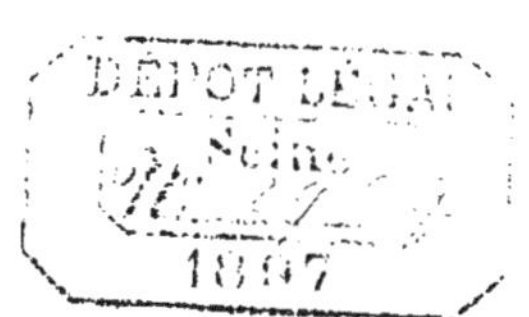

PARIS,

GAUTHIER-VILLARS ET FILS, IMPRIMEURS-LIBRAIRES

DU BUREAU DES LONGITUDES, DE L'ÉCOLE POLYTECHNIQUE.

Quai des Grands-Augustins, 55.

1897

INTRODUCTION.

Les Œuvres de Galois ont, comme on sait, été publiées en 1846 par Liouville, dans le *Journal de Mathématiques*. Il était regrettable que l'on ne pût posséder à part les Œuvres du grand géomètre ; aussi la Société mathématique a-t-elle décidé de faire réimprimer les Mémoires de Galois. Cette édition est conforme à la précédente ; on a seulement supprimé l'avertissement placé par Liouville au début de la publication.

Un travail, qui paraît définitif, sur la vie de Galois vient d'être publié par M. Paul Dupuy, dans les *Annales de l'École Normale supérieure* (1896). Comme documents antérieurs relatifs à la vie de Galois, il faut citer la Notice nécrologique que lui consacra son ami Auguste Chevalier, dans la *Revue encyclopédique* (septembre 1832), et un article paru dans le *Magasin pittoresque*, en 1848. Évariste Galois est né à Bourg-la-Reine, près de Paris, le 25 octobre 1811 ; il quitta la maison paternelle en 1823, pour entrer en quatrième au collège Louis-le-Grand. Dès l'âge de quinze ans, ses dispositions extraordinaires pour les Sciences mathématiques commencent à se manifester ; les livres élémentaires d'Algèbre ne le satisfont pas, et c'est dans les Ouvrages classiques de Lagrange qu'il fait son éducation algébrique. Il semble qu'à dix-sept ans Galois avait déjà obtenu des résultats de la plus haute importance concernant la théorie des équations algébriques. On ne peut faire que des conjectures sur la marche de ses idées, les deux Mémoires qu'il présenta à l'Académie des Sciences ayant été perdus ; une chose toutefois est certaine : il était, au commencement de 1830, en possession de ses principes généraux, comme le montre l'analyse d'un Mémoire sur la résolution algébrique des équations dans le *Bulletin de Férussac*, où sont énoncés une série de résultats qui ne sont manifestement que des applications d'une théorie générale. Ce court article est le plus important qui ait été publié par Galois lui-même, le Mémoire fondamental sur l'Algèbre retrouvé dans ses papiers n'ayant été imprimé qu'en 1846.

On trouvera, dans l'article de M. Dupuy, des renseignements d'un grand intérêt sur la vie de Galois. Il est peu probable que de nouveaux documents viennent désormais s'ajouter à ceux que nous possédons maintenant. Après deux échecs à l'École Polytechnique, Galois entra à l'École Normale en 1829 et fut obligé de la quitter l'année suivante. Dans la dernière année de sa vie, il se donna tout entier à la politique, passa plusieurs mois sous les verrous de Sainte-Pélagie et, blessé mortellement en duel, mourut le 31 mai 1832. En présence d'une vie si courte et si tourmentée, l'admiration redouble pour le génie prodigieux qui a laissé dans la Science une trace aussi profonde ; les exemples de productions précoces ne sont pas rares chez les grands géomètres, mais celui de Galois est remarquable entre tous. Il semble, hélas ! que le malheureux jeune homme ait tristement payé la rançon de son génie. A mesure que se développent ses brillantes facultés mathématiques, on voit s'assombrir son caractère, autrefois gai et ouvert, et le sentiment de son immense supériorité développe chez lui un orgueil excessif. Ce fut la cause des déceptions qui eurent tant d'influence sur sa carrière, et dont la première fut son échec à l'École Polytechnique. Son examen dans cette

École a laissé des souvenirs ; sans aller aussi loin que le veut la légende, disons seulement que Galois refusa de répondre à une question, qu'il jugeait ridicule, sur la théorie arithmétique des logarithmes. On ne peut douter aussi qu'il ne se soit pas prêté à fournir sur ses travaux les explications que lui demandaient les mathématiciens avec qui il s'est trouvé en relations, explications que rendait nécessaires la rédaction rapide de ses Mémoires ; aussi comprend-on facilement que son mérite n'ait pas été reconnu de ses contemporains. Ce n'est pas sans peine que Liouville réussit à saisir l'enchaînement des idées de Galois, et il fallut encore de nombreux commentateurs pour combler les lacunes qui subsistaient dans plus d'une démonstration, et amener les théories du grand géomètre au degré de simplicité qu'elles sont susceptibles de revêtir aujourd'hui.

La théorie des équations doit à Lagrange, Gauss et Abel des progrès considérables, mais aucun d'eux n'arriva à mettre en évidence l'élément fondamental dont dépendent toutes les propriétés de l'équation ; cette gloire était réservée à Galois, qui montra qu'à chaque équation algébrique correspond un groupe de substitutions dans lequel se reflètent les caractères essentiels de l'équation. En Algèbre, la théorie des groupes avait fait auparavant l'objet de nombreuses recherches dues, pour la plupart, à Cauchy, qui avait introduit déjà certains éléments de classification ; les études de Galois sur la Théorie des équations lui montrèrent l'importance de la notion de sous-groupe invariant d'un groupe donné, et il fut ainsi conduit à partager les groupes en groupes simples et groupes composés, distinction fondamentale qui dépasse de beaucoup, en réalité, le domaine de l'Algèbre et s'étend au concept de groupes d'opérations dans son acception la plus étendue.

Les théories générales, pour prendre dans la Science un

droit de cité définitif, ont le plus souvent besoin de s'illustrer par des applications particulières. Dans plusieurs domaines, celles-ci ne sont pas toujours faciles à trouver, et l'on pourrait citer, dans les Mathématiques modernes, plus d'une théorie confinée, si j'ose le dire, dans sa trop grande généralité; au point de vue artistique, qui joue un rôle capital dans les Mathématiques pures, rien n'est plus satisfaisant que le développement de ces grandes théories, cependant de bons esprits regrettent cette tendance, qui a peut-être ses dangers. On ne peut, pour Galois, émettre un pareil regret; la résolution algébrique des équations lui a fourni, dès le début, un champ particulier d'applications où le suivirent depuis de nombreux géomètres, parmi lesquels il faut citer au premier rang M. Camille Jordan.

Les travaux de Galois, sur les équations algébriques, ont rendu son nom célèbre, mais il semble qu'il avait fait, en Analyse, des découvertes au moins aussi importantes. Dans sa lettre à Auguste Chevalier, écrite la veille de sa mort, et qui est une sorte de testament scientifique, Galois parle d'un Mémoire qu'on pourrait composer avec ses recherches sur les intégrales. Nous ne connaissons de ces recherches que ce qu'il en dit dans cette lettre ; plusieurs points restent obscurs dans quelques énoncés de Galois, mais on peut cependant se faire une idée précise de quelques-uns des résultats auxquels il était arrivé dans la théorie des intégrales de fonctions algébriques. On acquiert ainsi la conviction qu'il était en possession des résultats les plus essentiels sur les intégrales abéliennes que Riemann devait obtenir vingt-cinq ans plus tard. Nous ne voyons pas sans étonnement Galois parler des périodes d'une intégrale abélienne relative à une fonction algébrique quelconque ; pour les intégrales hyperelliptiques, nous n'avons aucune difficulté à comprendre ce qu'il entend par *période,* mais il en est autrement dans le cas général, et l'on est presque tenté de supposer que Galois avait tout au moins pressenti certaines notions sur les fonctions d'une variable complexe, qui ne devaient être développées que plusieurs années après sa mort. Les énoncés sont précis ; l'illustre auteur fait la classification en trois espèces des intégrales abéliennes, et affirme que, si n désigne le nombre des intégrales de première espèce linéairement indépendantes, les périodes seront en nombre $2n$. Le théorème relatif à l'inversion du paramètre et de l'argument dans les intégrales de troisième espèce est nettement indiqué, ainsi que les relations entre les périodes des intégrales abéliennes ; Galois parle aussi d'une généralisation de l'équation classique de Legendre, où figurent les périodes des intégrales elliptiques, généralisation qui l'avait probablement conduit aux importantes relations découvertes depuis par Weierstrass et par M. Fuchs. Nous en avons dit assez pour montrer l'étendue des découvertes de Galois en Analyse ; si quelques années de plus lui avaient été données pour développer ses idées dans cette direction, il aurait été le glorieux continuateur d'Abel et aurait édifié, dans ses parties essentielles, la théorie des fonctions algébriques d'une variable telle que nous la connaissons aujourd'hui. Les méditations de Galois portèrent encore plus loin ; il termine sa lettre en parlant de l'application à l'Analyse transcendante de la théorie de l'ambiguïté. On devine à peu près ce qu'il entend par là, et sur ce terrain qui, comme il le dit, est immense, il reste encore aujourd'hui bien des découvertes à faire.

Ce n'est pas sans émotion que l'on achève la lecture du testament scientifique de ce jeune homme de vingt ans, écrit la veille du jour où il devait disparaître dans une obscure querelle. Sa mort fut pour la Science une perte immense ; l'influence de Galois, s'il eût vécu, aurait grandement modifié l'orientation des recherches mathématiques dans notre pays. Je ne me risquerai pas à des comparaisons périlleuses : Galois a sans doute des égaux parmi les grands mathématiciens de ce siècle; aucun ne le surpasse par l'originalité et la profondeur de ses conceptions.

ÉMILE PICARD,
Président de la Société mathématique de France.

ŒUVRES

MATHÉMATIQUES

D'ÉVARISTE GALOIS.

I. — ARTICLES PUBLIÉS PAR GALOIS.

DÉMONSTRATION

D'UN

THÉORÈME SUR LES FRACTIONS CONTINUES PÉRIODIQUES [1].

On sait que si, par la méthode de Lagrange, on développe en fraction continue une des racines d'une équation du second degré, cette fraction continue sera périodique, et qu'il en sera encore de même de l'une des racines d'une équation de degré quelconque, si cette racine est racine d'un facteur rationnel du second degré du premier membre de la proposée, auquel cas cette équation aura, tout au moins, une autre racine qui sera également périodique. Dans l'un et dans l'autre cas, la fraction continue pourra d'ailleurs être immédiatement périodique ou ne l'être pas immé-

[1] Tome XIX des *Annales de Mathématiques* de M. Gergonne, page 294 (1828-1829). Galois était alors élève au collège Louis-le-Grand. (J. LIOUVILLE.)

diatement ; mais, lorsque cette dernière circonstance aura lieu, il y aura du moins une des transformées dont une des racines sera immédiatement périodique.

Or, lorsqu'une équation a deux racines périodiques répondant à un même facteur rationnel du second degré, et que l'une d'elles est immédiatement périodique, il existe entre ces deux racines une relation assez singulière qui paraît n'avoir pas encore été remarquée, et qui peut être exprimée par le théorème suivant :

Théorème. — *Si une des racines d'une équation de degré quelconque est une fraction continue immédiatement périodique, cette équation aura nécessairement une autre racine également périodique que l'on obtiendra en divisant l'unité négative par cette même fraction continue périodique, écrite dans un ordre inverse.*

Démonstration. — Pour fixer les idées, ne prenons que des périodes de quatre termes ; car la marche uniforme du calcul prouve qu'il en serait de même si nous en admettions un plus grand nombre. Soit une des racines d'une équation de degré quelconque exprimée comme il suit :

l'équation du second degré, à laquelle appartiendra cette racine, et qui contiendra conséquemment sa corrélative, sera

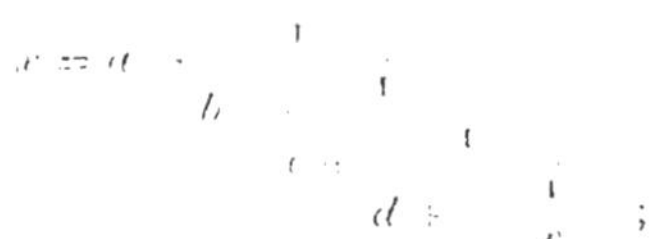

or, on tire de là successivement

$$a - x = -\cfrac{1}{b + \cfrac{1}{c + \cfrac{1}{d + \cfrac{1}{x}}}}, \qquad \frac{1}{a - x} = -b - \cfrac{1}{c + \cfrac{1}{d + \cfrac{1}{x}}},$$

$$b + \frac{1}{a - x} = -\cfrac{1}{c + \cfrac{1}{d + \cfrac{1}{x}}}, \qquad \cfrac{1}{b + \cfrac{1}{a - x}} = -c - \cfrac{1}{d + \cfrac{1}{x}},$$

$$c + \cfrac{1}{b + \cfrac{1}{a - x}} = -\cfrac{1}{d + \cfrac{1}{x}}, \qquad \cfrac{1}{c + \cfrac{1}{b + \cfrac{1}{a - x}}} = -d - \frac{1}{x},$$

$$d + \cfrac{1}{c + \cfrac{1}{b + \cfrac{1}{a - x}}} = -\frac{1}{x}; \qquad \cfrac{1}{d + \cfrac{1}{c + \cfrac{1}{b + \cfrac{1}{a - x}}}} = -x,$$

c'est-à-dire

$$x = -\cfrac{1}{d + \cfrac{1}{c + \cfrac{1}{b + \cfrac{1}{a - x}}}};$$

c'est donc toujours là l'équation du second degré qui donne les deux racines dont il s'agit; mais, en mettant continuellement pour x, dans son second membre, ce même second membre, qui en est, en effet, la valeur, elle donne

$$x = -\cfrac{1}{d + \cfrac{1}{c + \cfrac{1}{b + \cfrac{1}{a + \cfrac{1}{d + \cfrac{1}{c + \cfrac{1}{b + \cfrac{1}{a + \cdots}}}}}}}}$$

c'est donc là l'autre valeur de x, donnée par cette équation, valeur qui, comme l'on voit, est égale à -1 divisé par la première écrite dans un ordre inverse.

Dans ce qui précède, nous avons supposé que la racine proposée était plus grande que l'unité; mais, si l'on avait

$$x = \cfrac{1}{a + \cfrac{1}{b + \cfrac{1}{c + \cfrac{1}{d + \cfrac{1}{a + \cfrac{1}{b + \cfrac{1}{c + \cfrac{1}{d + \dots}}}}}}}}$$

on en conclurait, pour une des valeurs de $\frac{1}{x}$,

$$\frac{1}{x} = a + \cfrac{1}{b + \cfrac{1}{c + \cfrac{1}{d + \cfrac{1}{a + \cfrac{1}{b + \cfrac{1}{c + \cfrac{1}{d + \dots}}}}}}}$$

l'autre valeur de $\frac{1}{x}$ serait donc, par ce qui précède,

$$\frac{1}{x} = -\cfrac{1}{d + \cfrac{1}{c + \cfrac{1}{b + \cfrac{1}{a + \cfrac{1}{d + \cfrac{1}{c + \cfrac{1}{b + \cfrac{1}{a + \dots}}}}}}}}$$

d'où l'on conclurait, pour l'autre valeur de x,

ou

$$x = -\cfrac{1}{d + \cfrac{1}{c + \cfrac{1}{b + \cfrac{1}{a + \cfrac{1}{d + \cfrac{1}{c + \cfrac{1}{b + \cfrac{1}{a + \dotsb}}}}}}}};$$

ce qui rentre exactement dans notre théorème.

Soit A une fraction continue immédiatement périodique quelconque, et soit B la fraction continue qu'on en déduit en renversant la période; on voit que, si l'une des racines d'une équation est $x = A$, elle aura nécessairement une autre racine $x = -\frac{1}{B}$; or, si A est un nombre positif plus grand que l'unité, $-\frac{1}{B}$ sera négatif et compris entre o et -1; et, à l'inverse, si A est un nombre négatif compris entre o et -1, $-\frac{1}{B}$ sera un nombre positif plus grand que l'unité. Ainsi, lorsque l'une des racines d'une équation du second degré est une fraction continue immédiatement périodique, plus grande que l'unité, l'autre est nécessairement comprise entre o et -1; et réciproquement, si l'une d'elles est comprise entre o et -1, l'autre sera nécessairement positive et plus grande que l'unité.

On peut prouver que, réciproquement, si l'une des deux racines d'une équation du second degré est positive et plus grande que l'unité, et que l'autre soit comprise entre o et -1, ces racines seront exprimables en fractions continues immédiatement périodiques. En effet, soit toujours A une fraction continue immédiatement périodique quelconque, positive et plus grande que l'unité, et B la fraction continue immédiatement périodique qu'on en déduit, en renversant la période, laquelle sera aussi, comme elle, positive et plus grande que l'unité. La première des racines de la proposée ne pourra être de la forme

$$x = p + \frac{1}{A},$$

car alors, en vertu de notre théorème, la seconde devrait être

$$x = a + \frac{1}{-\frac{1}{B}} = a - B;$$

or $a - B$ ne saurait être compris entre o et 1 qu'autant que la partie entière de B serait égale à p, auquel cas la première valeur serait immédiatement périodique. On ne pourrait avoir davantage, pour la première valeur de x, $x = p + \frac{1}{q + \frac{1}{A}}$, car alors l'autre serait

$$x = p - \frac{1}{q - B} \qquad \text{ou} \qquad x = p + \frac{1}{B - q};$$

or, pour que cette valeur fût comprise entre o et -1, il faudrait d'abord que $\frac{1}{B - q}$ fût égal à p, plus une fraction. Il faudrait donc que $B - q$ fût plus petit que l'unité, ce qui exigerait que B fût égal à q, plus une fraction; d'où l'on voit que q et p devraient être respectivement égaux aux deux premiers termes de la période qui répond à B, ou aux deux derniers de la période qui répond à A; de sorte que, contrairement à l'hypothèse, la valeur $x = p + \frac{1}{q + \frac{1}{A}}$ serait immédiatement périodique. On prouverait, par un raisonnement analogue, que les périodes ne sauraient être précédées d'un plus grand nombre de termes n'en faisant pas partie.

Lors donc que l'on traitera une équation numérique par la méthode de Lagrange, on sera sûr qu'il n'y a point de racines périodiques à espérer tant qu'on ne rencontrera pas une transformée ayant au moins une racine positive plus grande que l'unité, et une autre comprise entre o et -1; et si, en effet, la racine que l'on poursuit doit être périodique, ce sera tout au plus à cette transformée que les périodes commenceront.

Si l'une des racines d'une équation du second degré est non seulement immédiatement périodique, mais encore symétrique, c'est-à-dire si les termes de la période sont égaux à égale distance des extrêmes, on aura $B = A$; de sorte que ces deux racines seront A et $-\frac{1}{A}$; l'équation sera donc

$$Ax^2-(A^2-1)x-A=0.$$

Réciproquement, toute équation du second degré de la forme

$$ax^2-bx-a=0$$

aura ses racines à la fois immédiatement périodiques et symétriques. En effet, en mettant tour à tour pour x l'infini et -1, on obtient des résultats positifs, tandis qu'en faisant $x=1$ et $x=0$, on obtient des résultats négatifs; d'où l'on voit d'abord que cette équation a une racine positive plus grande que l'unité et une racine négative comprise entre o et -1, et qu'ainsi ces racines sont immédiatement périodiques ; de plus, cette équation ne change pas en y changeant x en $-\frac{1}{x}$; d'où il suit que, si A est une de ses racines, l'autre sera $-\frac{1}{A}$, et qu'ainsi, dans ce cas, $B=A$.

Appliquons ces généralités à l'équation du second degré

$$3x^2-16x+18=0;$$

on lui trouve d'abord une racine positive comprise entre 3 et 4: en posant

$$x=3+\frac{1}{y},$$

on obtient la transformée

$$3y^2-2y-3=0,$$

dont la forme nous apprend que les valeurs de y sont à la fois immédiatement périodiques et symétriques; en effet, en posant tour à tour

$$y=1+\frac{1}{z},\qquad z=2+\frac{1}{t},\qquad t=1+\frac{1}{u},$$

on obtient les transformées

$$2z^2-4z-3=0,\qquad 3t^2-4t-2=0,\qquad 3u^2-2u-3=0.$$

L'identité entre les équations en u et en y prouve que la valeur positive de y est

$$y = 1 + \cfrac{1}{2 + \cfrac{1}{1 + \cfrac{1}{1 + \cfrac{1}{2 + \cfrac{1}{1 + \dots}}}}};$$

sa valeur négative sera donc

$$y = -\cfrac{1}{1 + \cfrac{1}{2 + \cfrac{1}{1 + \cfrac{1}{1 + \cfrac{1}{2 + \cfrac{1}{1 + \dots}}}}}};$$

les deux valeurs de x seront donc

$$x = 3 + \cfrac{1}{1 + \cfrac{1}{2 + \cfrac{1}{1 + \cfrac{1}{1 + \cfrac{1}{2 + \cfrac{1}{1 + \dots}}}}}}, \qquad x = 3 - \cfrac{1}{1 + \cfrac{1}{2 + \cfrac{1}{1 + \cfrac{1}{1 + \cfrac{1}{2 + \cfrac{1}{1 + \dots}}}}}},$$

dont la dernière, en vertu de la formule connue

$$p - \frac{1}{q} = p - 1 + \cfrac{1}{1 + \cfrac{1}{q - 1}},$$

devient

$$x = 1 + \cfrac{1}{1 + \cfrac{1}{1 + \cfrac{1}{1 + \cfrac{1}{1 + \cfrac{1}{2 + \cfrac{1}{1 + \cfrac{1}{1 + \cfrac{1}{2 + \cfrac{1}{1 + \dots}}}}}}}}}$$

NOTES
SUR
QUELQUES POINTS D'ANALYSE (1).

§ I. — Démonstration d'un théorème d'Analyse.

THÉORÈME. — *Soient* Fx *et* fx *deux fonctions quelconques données; on aura, quels que soient* x *et* h,

$$\frac{F(x+h)-Fx}{f(x+h)-fx}=\varphi(k),$$

φ *étant une fonction déterminée, et* k *une quantité intermédiaire entre* x *et* $x+h$.

Démonstration. — Posons, en effet,

$$\frac{F(x+h)-Fx}{f(x+h)-fx}=P;$$

on en déduira

$$F(x+h)-Pf(x+h)=Fx-Pfx;$$

d'où l'on voit que la fonction $Fx-Pfx$ ne change pas quand on y change x en $x+h$; d'où il suit qu'à moins qu'elle ne reste constante entre ces limites, ce qui ne pourrait avoir lieu que dans des cas particuliers, cette fonction aura, entre x et $x+h$, un ou plusieurs maxima et minima. Soit k la valeur de x répondant à l'un d'eux; on aura évidemment $k=\psi(P)$, ψ étant une fonction déterminée; donc on doit avoir aussi $P=\varphi(k)$, φ étant une autre fonction également déterminée; ce qui démontre le théorème.

De là on peut conclure, comme corollaire, que la quantité

$$\lim.\frac{F(x+h)-Fx}{f(x+h)-fx}=\varphi(x),$$

pour $h=0$, est nécessairement une fonction de x, ce qui démontre, *a priori*, l'existence des fonctions dérivées.

---

(1) *Annales de Mathématiques* de M. Gergonne, tome XXI, page 182 (1830-1831). C'est par suite d'une faute d'impression qu'on y lit : *Galais, élève à l'École normale,* au lieu de *Galois.* (J. LIOUVILLE.)

§ II. — Rayon de courbure des courbes de l'espace.

Le rayon de courbure d'une courbe en l'un quelconque de ses points M est la perpendiculaire abaissée de ce point sur l'intersection du plan normal au point M avec le plan normal consécutif, comme il est aisé de s'en assurer par des considérations géométriques.

Cela posé, soit (x, y, z) un point de la courbe; on sait que le plan normal en ce point aura pour équation

$$(\mathrm{N}) \qquad (X - x)\frac{dx}{ds} + (Y - y)\frac{dy}{ds} + (Z - z)\frac{dz}{ds} = 0,$$

X, Y, Z étant les symboles des coordonnées courantes. L'intersection de ce plan normal avec le plan normal consécutif sera donnée par le système de cette équation et de la suivante

$$(\mathrm{I}) \qquad (X - x)\frac{d.\left(\frac{dx}{ds}\right)}{ds} + (Y - y)\frac{d.\left(\frac{dy}{ds}\right)}{ds} + (Z - z)\frac{d.\left(\frac{dz}{ds}\right)}{ds} = 1,$$

attendu que

$$\left(\frac{dx}{ds}\right)^2 + \left(\frac{dy}{ds}\right)^2 + \left(\frac{dz}{ds}\right)^2 = 1.$$

Or, il est aisé de voir que le plan (I) est perpendiculaire au plan (N), car on a

$$\frac{dx}{ds}d.\left(\frac{dx}{ds}\right) + \frac{dy}{ds}d.\left(\frac{dy}{ds}\right) + \frac{dz}{ds}d.\left(\frac{dz}{ds}\right) = 0;$$

donc la perpendiculaire abaissée du point (x, y, z) sur l'intersection des deux plans (N) et (I) n'est autre chose que la perpendiculaire abaissée du même point sur le plan (I). Le rayon de courbure est donc la perpendiculaire abaissée du point (x, y, z) sur le plan (I). Cette considération donne, très simplement, les théorèmes connus sur les rayons de courbure des courbes dans l'espace.

ANALYSE
D'UN
MÉMOIRE SUR LA RÉSOLUTION ALGÉBRIQUE DES ÉQUATIONS (1).

On appelle équations non primitives les équations qui, étant, par exemple, du degré mn, se décomposent en m facteurs du degré n, au moyen d'une seule équation du degré m. Ce sont les équations de M. Gauss. Les équations primitives sont celles qui ne jouissent pas d'une pareille simplification. Je suis, à l'égard des équations primitives, parvenu aux résultats suivants :

1° Pour qu'une équation de degré premier soit résoluble par radicaux, il faut et il suffit que, deux quelconques de ses racines étant connues, les autres s'en déduisent rationnellement.

2° Pour qu'une équation primitive du degré m soit résoluble par radicaux, il faut que $m = p^\nu$, p étant un nombre premier.

3° A part les cas mentionnés ci-dessous, pour qu'une équation primitive du degré p^ν soit résoluble par radicaux, il faut que, deux quelconques de ses racines étant connues, les autres s'en déduisent rationnellement.

A la règle précédente échappent les cas très particuliers qui suivent :

1° Le cas de $m = p^\nu = 9, = 25$;

2° Le cas de $m = p^\nu = 4$ et généralement celui où, a^α étant un diviseur de $\frac{p^\nu - 1}{p - 1}$, on aurait a premier, et

$$\frac{p^\nu - 1}{a^\alpha(p - 1)}\nu \equiv p \pmod{a^\alpha}.$$

Ces cas s'écartent toutefois fort peu de la règle générale.

Quand $m = 9, = 25$, l'équation devra être du genre de celles qui déterminent la trisection et la quintisection des fonctions elliptiques.

(1) *Bulletin des Sciences mathématiques* de M. Férussac, t. XIII, p. 271 (année 1830, cahier d'avril). (J. LIOUVILLE.)

Dans le second cas, il faudra toujours que, deux des racines étant connues, les autres s'en déduisent, du moins au moyen d'un nombre de radicaux, du degré p, égal au nombre des diviseurs a^α de $\frac{p^\nu - 1}{p-1}$, qui sont tels que

$$\frac{p^\nu - 1}{a^\alpha(p-1)}\nu \equiv p \quad (\text{mod. } a^\alpha), \quad a \text{ premier.}$$

Toutes ces propositions ont été déduites de la théorie des permutations.

Voici d'autres résultats qui découlent de ma théorie.

1° Soit k le module d'une fonction elliptique, p un nombre premier donné > 3; pour que l'équation du degré $p+1$, qui donne les divers modules des fonctions transformées relativement au nombre p, soit résoluble par radicaux, *il faut* de deux choses l'une : ou bien qu'une des racines soit rationnellement connue, ou bien que toutes soient des fonctions rationnelles les unes des autres. Il ne s'agit ici, bien entendu, que des valeurs particulières du module k. Il est évident que la chose n'a pas lieu en général. Cette règle n'a pas lieu pour $p = 5$.

2° Il est remarquable que l'équation modulaire générale du sixième degré, correspondant au nombre 5, peut s'abaisser à une du cinquième degré dont elle est la réduite. Au contraire, pour des degrés supérieurs, les équations modulaires ne peuvent s'abaisser (1).

(1) Cette assertion n'est pas tout à fait exacte, comme Galois en avertit lui-même dans sa Lettre à M. Auguste Chevalier, qu'on trouve plus bas. Il dit en général, au sujet de l'article que nous reproduisons ici : « La condition que j'ai indiquée dans le *Bulletin de Férussac*, pour la solubilité par radicaux, est trop restreinte; il y a peu d'exceptions, mais il y en a. » Quant aux équations modulaires en particulier, il déclare l'abaissement du degré $p+1$ au degré p possible, non seulement pour $p = 5$, mais encore pour $p = 7$ et $p = 11$; mais il en maintient l'impossibilité pour $p > 11$. (J. Liouville.)

NOTE

SUR LA

RÉSOLUTION DES ÉQUATIONS NUMÉRIQUES (¹).

M. Legendre a le premier remarqué que, lorsqu'une équation algébrique était mise sous la forme

$$\varphi x = x,$$

où φx est une fonction de x qui croît constamment en même temps que x, il était facile de trouver la racine de cette équation immédiatement plus petite qu'un nombre donné a, si $\varphi a < a$, et la racine immédiatement plus grande que a, si $\varphi a > a$.

Pour le démontrer, on construit la courbe $y = \varphi x$ et la droite $y = x$. Soit prise une abscisse $= a$, et supposons, pour fixer les idées, $\varphi a > a$, je dis qu'il sera aisé d'obtenir la racine immédiatement supérieure à a. En effet, les racines de l'équation $\varphi x = x$ ne sont que les abscisses des points d'intersection de la droite et de la courbe, et il est clair que l'on s'approchera du point le plus voisin d'intersection en substituant à l'abscisse a l'abscisse φa. On aura une valeur plus approchée encore en prenant $\varphi\varphi a$, puis $\varphi\varphi\varphi a$, et ainsi de suite.

Soit $Fx = 0$ une équation donnée du degré n, et $Fx = X - Y$, X et Y n'ayant que des termes positifs. Legendre met successivement l'équation sous ces deux formes :

$$x = \varphi x = \sqrt[n]{\frac{X}{\left(\frac{Y}{x^n}\right)}}, \qquad x = \psi x = \sqrt[n]{\frac{X}{\left(\frac{x^n}{Y}\right)}};$$

les deux fonctions φx et ψx sont toujours, comme on voit, l'une plus grande, l'autre plus petite que x. Ainsi, à l'aide de ces deux fonctions, on pourra avoir les deux racines de l'équation les plus approchées d'un nombre donné a, l'une en plus et l'autre en moins.

(¹) *Bulletin des Sciences mathématiques* de M. Férussac, t. XIII, p. 413 (année 1830, cahier de juin). (J. LIOUVILLE.)

Mais cette méthode a l'inconvénient d'exiger, à chaque opération, l'extraction d'une racine $n^{\text{ième}}$. Voici deux formes plus commodes. Cherchons un nombre k tel que la fonction

$$x + \frac{\mathrm{F}x}{kx^n}$$

croisse avec x, quand $x > 1$. (Il suffit, en effet, de savoir trouver les racines d'une équation qui sont plus grandes que l'unité.)

Nous aurons, pour la condition proposée,

$$1 + \frac{d\,\dfrac{\mathrm{X}-\mathrm{Y}}{kx^n}}{dx} > 0, \qquad \text{ou bien} \qquad 1 - \frac{n\mathrm{X} - x\mathrm{X}'}{kx^{n+1}} + \frac{n\mathrm{Y} - x\mathrm{Y}'}{kx^{n+1}} > 0;$$

or on a identiquement

$$n\mathrm{X} - x\mathrm{X}' > 0, \qquad n\mathrm{Y} - x\mathrm{Y}' > 0;$$

il suffit donc de poser

$$\frac{n\mathrm{X} - x\mathrm{X}'}{kx^{n+1}} < 1 \qquad \text{pour} \qquad x > 1,$$

et il suffit, pour cela, de prendre pour k la valeur de la fonction $n\mathrm{X} - x\mathrm{X}'$, relative à $x = 1$.

On trouvera de même un nombre h tel que la fonction

$$x - \frac{\mathrm{F}x}{hx^n}$$

croîtra avec x, quand x sera > 1, en changeant Y en X.

Ainsi, l'équation donnée pourra se mettre sous l'une des formes

$$x = x + \frac{\mathrm{F}x}{kx^n}, \qquad x = x - \frac{\mathrm{F}x}{hx^n},$$

qui sont toutes deux rationnelles et donnent pour la résolution une méthode facile.

SUR
LA THÉORIE DES NOMBRES ([1]).

Quand on convient de regarder comme nulles toutes les quantités qui, dans les calculs algébriques, se trouvent multipliées par un nombre premier donné p, et qu'on cherche, dans cette convention, les solutions d'une équation algébrique $Fx = 0$, ce que M. Gauss désigne par la notation $Fx \equiv 0$, on n'a coutume de considérer que les solutions entières de ces sortes de questions. Ayant été conduit par des recherches particulières à considérer les solutions incommensurables, je suis parvenu à quelques résultats que je crois nouveaux.

Soit une pareille équation ou congruence, $Fx = 0$, et p le module. Supposons d'abord, pour plus de simplicité, que la congruence en question n'admette aucun facteur commensurable, c'est-à-dire qu'on ne puisse pas trouver trois fonctions φx, ψx, χx telles que

$$\varphi x . \psi x = Fx + p . \chi x.$$

Dans ce cas, la congruence n'admettra donc aucune racine entière, ni même aucune racine incommensurable de degré inférieur. Il faut donc regarder les racines de cette congruence comme des espèces de symboles imaginaires, puisqu'elles ne satisfont pas aux questions des nombres entiers, symboles dont l'emploi, dans le calcul, sera souvent aussi utile que celui de l'imaginaire $\sqrt{-1}$ dans l'analyse ordinaire.

C'est la classification de ces imaginaires, et leur réduction au plus petit nombre possible, qui va nous occuper.

Appelons i l'une des racines de la congruence $Fx = 0$, que nous supposerons du degré ν.

Considérons l'expression générale

$$(A) \qquad a + a_1 i + a_2 i^2 + \ldots + a_{\nu-1} i^{\nu-1}.$$

([1]) *Bulletin des Sciences mathématiques* de M. Férussac, t. XIII, p. 428 (année 1830, cahier de juin); avec la note suivante : « Ce Mémoire fait partie des recherches de M. Galois sur la théorie des permutations et des équations algébriques. » (J. LIOUVILLE.)

où a, a_1, a_2, ..., $a_{\nu-1}$ représentent des nombres entiers. En donnant à ces nombres toutes les valeurs, l'expression (A) en acquiert p^ν, qui jouissent, ainsi que je vais le faire voir, des mêmes propriétés que les nombres naturels dans la *théorie des résidus des puissances.*

Ne prenons des expressions (A) que les $p^\nu - 1$ valeurs où a, a_1, a_2, ..., $a_{\nu-1}$ ne sont pas toutes nulles : soit α l'une de ces expressions.

Si l'on élève successivement α aux puissances 2e, 3e, ..., on aura une suite de quantités de même forme [parce que toute fonction de i peut se réduire au $(\nu-1)^{\text{ième}}$ degré]. Donc on devra avoir $\alpha^n = 1$, n étant un certain nombre ; soit n le plus petit nombre qui soit tel que l'on ait $\alpha^n = 1$. On aura un ensemble de n expressions, toutes différentes entre elles,

$$1,\ \alpha,\ \alpha^2,\ \alpha^3,\ \ldots,\ \alpha^{n-1}.$$

Multiplions ces n quantités par une autre expression β de la même forme. Nous obtiendrons encore un nouveau groupe de quantités toutes différentes des premières et différentes entre elles. Si les quantités (A) ne sont pas épuisées, on multipliera encore les puissances de α par une nouvelle expression γ, et ainsi de suite. On voit donc que le nombre n divisera nécessairement le nombre total des quantités (A). Ce nombre étant $p^\nu - 1$, on voit que n divise $p^\nu - 1$. De là suit encore que l'on aura

$$\alpha^{p^\nu-1} = 1, \qquad \text{ou bien} \qquad \alpha^{p^\nu} = \alpha.$$

Ensuite on prouvera, comme dans la théorie des nombres, qu'il y a des racines primitives α pour lesquelles on ait précisément $p^\nu - 1 = n$, et qui reproduisent par conséquent, par l'élévation aux puissances, toute la suite des autres racines.

Et l'une quelconque de ces racines primitives ne dépendra que d'une congruence du degré ν, congruence *irréductible,* sans quoi l'équation en i ne le serait pas non plus, parce que les racines de la congruence en i sont toutes des puissances de la racine primitive.

On voit ici cette conséquence remarquable que toutes les quantités algébriques qui peuvent se présenter dans la théorie sont racines d'équations de la forme

$$x^{p^\nu} = x.$$

Cette proposition, énoncée algébriquement, est celle-ci : Étant donnés une fonction Fx et un nombre premier p, on peut poser

$$fx.Fx = x^{p^\nu} - x + p\varphi x,$$

fx et φx étant des fonctions entières, toutes les fois que la congruence $Fx = 0$ (mod. p) sera irréductible.

Si l'on veut avoir toutes les racines d'une pareille congruence au moyen d'une seule, il suffit d'observer que l'on a généralement

$$(Fx)^{p^n} = F(x^{p^n})$$

et que, par conséquent, l'une des racines étant x, les autres seront

$$x^p, \quad x^{p^2} \quad \ldots, \quad x^{p^{\nu-1}} \quad (^1).$$

Il s'agit maintenant de faire voir que, réciproquement à ce que nous venons de dire, les racines de l'équation ou de la congruence $x^{p^\nu} = x$ dépendront toutes d'une seule congruence du degré ν.

Soit en effet i une racine d'une congruence irréductible et telle que toutes les racines de la congruence $x^{p^\nu} = x$ soient fonctions rationnelles de i (Il est clair qu'ici, comme dans les équations ordinaires, cette propriété a lieu) ([2]).

([1]) De ce que les racines de la congruence irréductible de degré ν

$$Fx = 0$$

sont exprimées par la suite

$$x, \quad x^p, \quad x^{p^2}, \quad \ldots, \quad x^{p^{\nu-1}},$$

on aurait tort de conclure que ces racines soient toujours des quantités exprimables par radicaux. Voici un exemple du contraire :

La congruence irréductible

$$x^2 + x + 1 = 0 \text{ (mod 2)}$$

donne

$$x = \frac{-1 + \sqrt{-3}}{2},$$

qui se réduit à

$$\frac{0}{0} \text{ (mod 2)},$$

formule qui n'apprend rien.

([2]) La proposition générale dont il s'agit ici peut s'énoncer ainsi : Étant donnée une équation algébrique, on pourra trouver une fonction rationnelle θ de toutes ses racines, de telle sorte que, réciproquement, chacune des racines s'exprime rationnellement en θ. Ce théorème était connu d'Abel, ainsi qu'on peut le voir par la première Partie du Mémoire que ce célèbre géomètre a laissé sur les fonctions elliptiques.

E. G.

Il est d'abord évident que le degré μ de la congruence en i ne saurait être plus petit que ν, sans quoi la congruence

$$(\nu) \qquad x^{p^\nu-1} - 1 = 0$$

aurait toutes ses racines communes avec la congruence

$$x^{p^\mu-1} - 1 = 0,$$

ce qui est absurde, puisque la congruence (ν) n'a pas de racines égales, comme on le voit en prenant la dérivée du premier membre. Je dis maintenant que μ ne peut non plus être $> \nu$.

En effet, s'il en était ainsi, toutes les racines de la congruence

$$x^{p^\mu} = x$$

devraient dépendre rationnellement de celles de la congruence

$$x^{p^\nu} = x.$$

Mais il est aisé de voir que, si l'on a

$$i^{p^\nu} = i,$$

toute fonction rationnelle $h = fi$ donnera encore

$$(fi)^{p^\nu} = f(i^{p^\nu}) = fi, \qquad \text{d'où} \qquad h^{p^\nu} = h.$$

Donc toutes les racines de la congruence $x^{p^\mu} = x$ lui seraient communes avec l'équation $x^{p^\nu} = x$, ce qui est absurde.

Nous savons donc enfin que toutes les racines de l'équation ou congruence $x^{p^\nu} = x$ dépendent nécessairement d'une *seule* congruence *irréductible* de degré ν.

Maintenant, pour avoir cette congruence irréductible d'où dépendent les racines de la congruence $x^{p^\nu} = x$, la méthode la plus générale sera de délivrer d'abord cette congruence de tous les facteurs communs qu'elle pourrait avoir avec des congruences de degré inférieur et de la forme

$$x^{p^\mu} = x.$$

On obtiendra ainsi une congruence qui devra se partager en congruences irréductibles de degré ν. Et, comme on sait exprimer toutes les racines de chacune de ces congruences irréductibles au moyen d'une seule, il sera aisé de les obtenir toutes par la méthode de M. Gauss.

Le plus souvent, cependant, il sera aisé de trouver par le tâtonnement une congruence irréductible d'un degré donné ν, et l'on doit en déduire toutes les autres.

Soient, pour exemple, $p = 7$, $\nu = 3$. Cherchons les racines de la congruence

$$(1) \qquad x^{7^3} \equiv x \pmod 7.$$

J'observe que la congruence

$$(2) \qquad i^3 \equiv 2 \pmod 7$$

étant irréductible, et du degré 3, toutes les racines de la congruence (1) dépendent rationnellement de celles de la congruence (2), en sorte que toutes les racines de (1) sont de la forme

$$(3) \qquad a + a_1 i + a_2 i^2 \qquad \text{ou bien} \qquad a + a_1 \sqrt[3]{2} + a_2 \sqrt[3]{4}.$$

Il faut maintenant trouver une racine primitive, c'est-à-dire une forme de l'expression (3) qui, élevée à toutes les puissances, donne toutes les racines de la congruence

$$x^{7^3-1} \equiv 1, \qquad \text{savoir} \qquad x^{2.3^2.19} \equiv 1 \pmod 7,$$

et nous n'avons besoin pour cela que d'avoir une racine primitive de chaque congruence

$$x^2 \equiv 1, \qquad x^{3^2} \equiv 1, \qquad x^{19} \equiv 1.$$

La racine primitive de la première est -1; celles de $x^{3^2} - 1 \equiv 0$ sont données par les équations

$$x^3 \equiv 2, \qquad x^3 \equiv 4,$$

en sorte que i est une racine primitive de $x^{3^2} \equiv 1$.

Il ne reste qu'à trouver une racine de $x^{19} - 1 \equiv 0$, ou plutôt de

$$\frac{x^{19} - 1}{x - 1} \equiv 0,$$

et essayons pour cela si l'on ne peut pas satisfaire à la question en posant simplement $x = a + a_1 i$, au lieu de $a + a_1 i + a_2 i^2$; nous devrons avoir

$$(a + a_1 i)^{19} = 1,$$

ce qui, en développant par la formule de Newton, et réduisant les puissances de a, de a_1 et de i, par les formules

$$a^{m(p-1)} = 1, \qquad a_1^{m(p-1)} = 1, \qquad i^3 = 2,$$

se réduit à

$$3[a - a^4 a_1^3 + (a^5 a_1^2 + a^2 a_1^5) i^2] = 1,$$

d'où, en séparant,

$$3a - 3a^4 a_1^3 = 1, \qquad a^5 a_1^2 + a^2 a_1^5 = 0.$$

Ces deux dernières équations sont satisfaites en posant $a = -1$, $a_1 = 1$. Donc

$$-1 + i$$

est une racine primitive de $x^{19} = 1$. Nous avons trouvé plus haut, pour racines primitives de $x^2 = 1$ et de $x^{3^2} = 1$, les valeurs -1 et i; il ne reste plus qu'à multiplier entre elles les trois quantités

$$-1, \quad i, \quad -1 + i,$$

et le produit $i - i^2$ sera une racine primitive de la congruence

$$x^{7^3-1} = 1.$$

Donc ici l'expression $i - i^2$ jouit de la propriété que, en l'élevant à toutes les puissances, on obtiendra $7^3 - 1$ expressions différentes et de la forme

$$a + a_1 i + a_2 i^2.$$

Si nous voulons avoir la congruence de moindre degré d'où dépend notre racine primitive, il faut éliminer i entre les deux équations

$$i^3 = 2, \qquad \alpha = i - i^2.$$

On obtient ainsi

$$\alpha^3 - \alpha + 2 = 0.$$

Il sera convenable de prendre pour base des imaginaires et de représenter par i la racine de cette équation, en sorte que

$$(i) \qquad i^3 - i + 2 = 0,$$

et l'on aura toutes les imaginaires de la forme

$$a + a_1 i + a_2 i^2,$$

en élevant i à toutes les puissances et réduisant par l'équation (i).

Le principal avantage de la nouvelle théorie que nous venons d'exposer est de ramener les congruences à la propriété (si utile dans les équations ordinaires), d'admettre précisément autant de racines qu'il y a d'unités dans l'ordre de leur degré.

La méthode pour avoir toutes ces racines sera très simple. Premièrement, on pourra toujours préparer la congruence donnée $Fx = 0$ de manière qu'elle n'ait plus de racines égales, ou, en d'autres termes, qu'elle n'ait plus de facteur commun avec $F'x = 0$, et le moyen de le faire est évidemment le même que pour les équations ordinaires.

Ensuite, pour avoir les solutions entières, il suffira, ainsi que M. Libri paraît en avoir fait le premier la remarque, de chercher le plus grand facteur commun à $Fx = 0$ et à $x^{p-1} = 1$.

Si maintenant on veut avoir les solutions imaginaires du second degré, on cherchera le plus grand facteur commun à $Fx = 0$ et à $x^{p^2-1} = 1$, et, en général, les solutions de l'ordre ν seront données par le plus grand commun diviseur à $Fx = 0$ et à $x^{p^\nu-1} = 1$.

C'est surtout dans la théorie des permutations, où l'on a sans cesse besoin de varier la forme des indices, que la considération des racines imaginaires des congruences paraît indispensable. Elle donne un moyen simple et facile de reconnaître dans quel cas une équation primitive est soluble par radicaux, comme je vais essayer d'en donner en deux mots une idée.

Soit une équation algébrique $fx = 0$, de degré p^ν; supposons que les p^ν racines soient désignées par x_k, en donnant à l'indice k les p^ν valeurs déterminées par la congruence $k^{p^\nu} = k \pmod p$.

Prenons une fonction quelconque rationnelle V des p^ν racines x_k. Transformons cette fonction en substituant partout à l'indice k l'indice $(ak + b)^{p^r}$, a, b, r étant des constantes arbitraires satisfaisant aux conditions de $a^{p^\nu-1} = 1$, $b^{p^\nu} = b \pmod p$ et de r entier.

En donnant aux constantes a, b, r toutes les valeurs dont elles sont susceptibles, on obtiendra en tout $p^\nu(p^\nu - 1)\nu$ manières de permuter les racines entre elles par des substitutions de la forme $[x_k, x_{(ak+b)^{p^r}}]$, et la fonction V admettra en général par ces substitutions $p^\nu(p^\nu - 1)\nu$ formes différentes.

Admettons maintenant que l'équation proposée $fx = 0$ soit telle que toute fonction des racines, invariable par les $p^\nu(p^\nu - 1)\nu$ permutations que nous venons de construire, ait pour cela même une valeur numérique rationnelle.

On remarque que, dans ces circonstances, l'équation $fx = 0$ sera soluble par radicaux, et, pour parvenir à cette conséquence, il suffit d'observer que la valeur substituée à k, dans chaque indice, peut se mettre sous les trois formes

$$(ak + b)^{p^r} = [a(k + b')]^{p^r} = a'k^{p^r} + b'' = a'(k + b')^{p^r}.$$

Les personnes habituées à la théorie des équations le verront sans peine.

Cette remarque aurait peu d'importance si je n'étais parvenu à démontrer que, réciproquement, une équation primitive ne saurait être soluble par radicaux, à moins de satisfaire aux conditions que je viens d'énoncer. (J'excepte les équations du neuvième et du vingt-cinquième degré.)

Ainsi, pour chaque nombre de la forme p^ν, on pourra former un groupe de permutations tel, que toute fonction des racines invariable par ces permutations devra admettre une valeur rationnelle quand l'équation de degré p^ν sera primitive et soluble par radicaux.

D'ailleurs, il n'y a que les équations d'un pareil degré p^ν qui soient à la fois primitives et solubles par radicaux.

Le théorème général que je viens d'énoncer précise et développe les conditions que j'avais données dans le *Bulletin* du mois d'avril. Il indique le moyen de former une fonction des racines dont la valeur sera rationnelle, toutes les fois que l'équation primitive de degré p^ν sera soluble par radicaux, et mène, par conséquent, aux caractères de résolubilité de ces équations, par des calculs sinon praticables, du moins qui sont possibles en théorie.

Il est à remarquer que, dans le cas où $\nu = 1$, les diverses valeurs de k ne sont autre chose que la suite des nombres entiers. Les substitutions de la forme (x_k, x_{ak+b}) seront au nombre de $p(p-1)$.

La fonction qui, dans le cas des équations solubles par radicaux, doit avoir une valeur rationnelle, dépendra, en général, d'une équation de degré $1.2.3\ldots(p-2)$, à laquelle il faudra, par conséquent, appliquer la méthode des racines rationnelles.

II. — ŒUVRES POSTHUMES.

LETTRE A AUGUSTE CHEVALIER (¹).

Mon cher ami,

J'ai fait en Analyse plusieurs choses nouvelles.

Les unes concernent la théorie des équations; les autres, les fonctions intégrales.

Dans la théorie des équations, j'ai recherché dans quels cas les équations étaient résolubles par des radicaux, ce qui m'a donné occasion d'approfondir cette théorie et de décrire toutes les transformations possibles sur une équation, lors même qu'elle n'est pas soluble par radicaux.

On pourra faire avec tout cela trois Mémoires.

Le premier est écrit, et, malgré ce qu'en a dit Poisson, je le maintiens, avec les corrections que j'y ai faites.

Le second contient des applications assez curieuses de la théorie des équations. Voici le résumé des choses les plus importantes :

1° D'après les propositions II et III du premier Mémoire, on voit une grande différence entre adjoindre à une équation une des racines d'une équation auxiliaire ou les adjoindre toutes.

Dans les deux cas, le groupe de l'équation se partage par l'adjonction en groupes tels, que l'on passe de l'un à l'autre par une même substitution; mais la condition que ces groupes aient les mêmes substitutions n'a lieu certainement que dans le second cas. Cela s'appelle la *décomposition propre*.

En d'autres termes, quand un groupe G en contient un autre H,

(¹) Écrite la veille de la mort de l'auteur. (Insérée en 1832 dans la *Revue encyclopédique*, numéro de septembre, page 568.) (J. Liouville.)

le groupe G peut se partager en groupes, que l'on obtient chacun en opérant sur les permutations de H une même substitution; en sorte que

$$G = H + HS + HS' + \dots$$

Et aussi il peut se diviser en groupes qui ont tous les mêmes substitutions, en sorte que

$$G = H + TH + T'H + \dots$$

Ces deux genres de décompositions ne coïncident pas ordinairement. Quand ils coïncident, la décomposition est dite *propre*.

Il est aisé de voir que, quand le groupe d'une équation n'est susceptible d'aucune décomposition propre, on aura beau transformer cette équation, les groupes des équations transformées auront toujours le même nombre de permutations.

Au contraire, quand le groupe d'une équation est susceptible d'une décomposition propre, en sorte qu'il se partage en M groupes de N permutations, on pourra résoudre l'équation donnée au moyen de deux équations : l'une aura un groupe de M permutations, l'autre un de N permutations.

Lors donc qu'on aura épuisé sur le groupe d'une équation tout ce qu'il y a de décompositions propres possibles sur ce groupe, on arrivera à des groupes qu'on pourra transformer, mais dont les permutations seront toujours en même nombre.

Si ces groupes ont chacun un nombre premier de permutations, l'équation sera soluble par radicaux; sinon, non.

Le plus petit nombre de permutations que puisse avoir un groupe indécomposable, quand ce nombre n'est pas premier, est 5.4.3.

2° Les décompositions les plus simples sont celles qui ont lieu par la méthode de M. Gauss.

Comme ces décompositions sont évidentes, même dans la forme actuelle du groupe de l'équation, il est inutile de s'arrêter longtemps sur cet objet.

Quelles décompositions sont praticables sur une équation qui ne se simplifie pas par la méthode de M. Gauss?

J'ai appelé *primitives* les équations qui ne peuvent se simplifier par la méthode de M. Gauss; non que ces équations soient réellement indécomposables, puisqu'elles peuvent même se résoudre par radicaux.

Comme lemme à la théorie des équations primitives solubles par radicaux, j'ai mis en juin 1830, dans le *Bulletin de Férussac*, une analyse sur les imaginaires de la théorie des nombres.

On trouvera ci-jointe [1] la démonstration des théorèmes suivants :

1° Pour qu'une équation primitive soit soluble par radicaux, elle doit être du degré p^ν, p étant premier.

2° Toutes les permutations d'une pareille équation sont de la forme

$$x_{k,l,m\ldots} \mid x_{ak+bl+cm+\ldots+h,\,a'k+b'l+c'm+\ldots+h',\,a''k+\ldots\ldots},$$

k, l, m, ... étant ν indices, qui, prenant chacun p valeurs, indiquent toutes les racines. Les indices sont pris suivant le module p; c'est-à-dire que la racine sera la même quand on ajoutera à l'un des indices un multiple de p.

Le groupe qu'on obtient en opérant toutes les substitutions de cette forme linéaire contient, en tout,

$$p^\nu(p^\nu-1)(p^\nu-p)\ldots(p^\nu-p^{\nu-1}) \text{ permutations.}$$

Il s'en faut que, dans cette généralité, les équations qui lui répondent soient solubles par radicaux.

La condition que j'ai indiquée dans le *Bulletin de Férussac* pour que l'équation soit soluble par radicaux est trop restreinte; il y a peu d'exceptions, mais il y en a.

La dernière application de la théorie des équations est relative aux équations modulaires des fonctions elliptiques.

On sait que le groupe de l'équation qui a pour racines les sinus de l'amplitude des p^2-1 divisions d'une période est celui-ci :

$$x_{k,l}, \quad x_{ak+bl,\,ck+dl};$$

par conséquent l'équation modulaire correspondante aura pour groupe

$$x_{\frac{k}{l}}, \quad x_{\frac{ak+bl}{ck+dl}}$$

(1) Galois parle des manuscrits, jusqu'ici inédits, que nous publions.

(J. Liouville.)

dans laquelle $\frac{k}{l}$ peut avoir les $p+1$ valeurs

$$\infty,\quad 0,\quad 1,\quad 2,\quad \ldots,\quad p-1.$$

Ainsi, en convenant que k peut être infini, on peut écrire simplement

$$x_k,\quad x_{\frac{ak+b}{ck+d}}.$$

En donnant à a, b, c, d toutes les valeurs, on obtient

$$(p+1)\,p\,(p-1)\ \text{permutations}.$$

Or ce groupe se décompose *proprement* en deux groupes, dont les substitutions sont

$$x_k,\quad x_{\frac{ak+b}{ck+d}},$$

$ad-bc$ étant un résidu quadratique de p.

Le groupe ainsi simplifié est de

$$(p+1)\,p\,\frac{p-1}{2}\ \text{permutations}.$$

Mais il est aisé de voir qu'il n'est plus décomposable proprement, à moins que $p=2$, ou $p=3$.

Ainsi, de quelle manière que l'on transforme l'équation, son groupe aura toujours le même nombre de permutations.

Mais il est curieux de savoir si le degré peut s'abaisser.

Et d'abord il ne peut s'abaisser plus bas que p, puisqu'une équation de degré moindre que p ne peut avoir p pour facteur dans le nombre des permutations de son groupe.

Voyons donc si l'équation de degré $p+1$, dont les racines x_k s'indiquent en donnant à k toutes les valeurs, y compris l'infini, et dont le groupe a pour substitutions

$$x_k,\quad x_{\frac{ak+b}{ck+d}},$$

$ad-bc$ étant un carré, peut s'abaisser au degré p.

Or il faut pour cela que le groupe se décompose (improprement, s'entend) en p groupes de $(p+1)\frac{p-1}{2}$ permutations chacun.

Soient o et ∞ deux lettres conjointes dans l'un de ces groupes. Les substitutions qui ne font pas changer o et ∞ de place seront de la forme

$$x_k, \quad x_{m^2k}.$$

Donc si M est la lettre conjointe de 1, la lettre conjointe de m^2 sera m^2M. Quand M est un carré, on aura donc $M^2 = 1$. Mais cette simplification ne peut avoir lieu que pour $p = 5$.

Pour $p = 7$ on trouve un groupe de $(p+1)\frac{p-1}{2}$ permutations, où

$$\infty, \quad 1, \quad 2, \quad 4$$

ont respectivement pour lettres conjointes

$$0, \quad 3, \quad 6, \quad 5.$$

Ce groupe a ses substitutions de la forme

$$x_k, \quad x_{a\frac{k-b}{k-c}},$$

b étant la lettre conjointe de c, et a une lettre qui est résidu ou non résidu en même temps que c.

Pour $p = 11$, les mêmes substitutions auront lieu avec les mêmes notations,

$$\infty, \quad 1, \quad 3, \quad 5, \quad 5, \quad 9$$

ayant respectivement pour conjointes

$$0, \quad 2, \quad 6, \quad 8, \quad 10, \quad 7.$$

Ainsi, pour le cas de $p = 5, 7, 11$, l'équation modulaire s'abaisse au degré p.

En toute rigueur, cette équation n'est pas possible dans les cas plus élevés.

Le troisième Mémoire concerne les intégrales.

On sait qu'une somme de termes d'une même fonction elliptique se réduit toujours à un seul terme, plus des quantités algébriques ou logarithmiques.

Il n'y a pas d'autres fonctions pour lesquelles cette propriété ait lieu.

Mais des propriétés absolument semblables y suppléent dans toutes les intégrales de fonctions algébriques.

On traite à la fois toutes les intégrales dont la différentielle est une fonction de la variable et d'une même fonction irrationnelle de la variable, que cette irrationnelle soit ou ne soit pas un radical, qu'elle s'exprime ou ne s'exprime pas par des radicaux.

On trouve que le nombre des périodes distinctes de l'intégrale la plus générale relative à une irrationnelle donnée est toujours un nombre pair.

Soit $2n$ ce nombre, on aura le théorème suivant :

Une somme quelconque de termes se réduit à n termes, plus des quantités algébriques et logarithmiques.

Les fonctions de première espèce sont celles pour lesquelles la partie algébrique et logarithmique est nulle.

Il y en a n distinctes.

Les fonctions de seconde espèce sont celles pour lesquelles la partie complémentaire est purement algébrique.

Il y en a n distinctes.

On peut supposer que les différentielles des autres fonctions ne soient jamais infinies qu'une fois pour $x = a$, et, de plus, que leur partie complémentaire se réduise à un seul logarithme, $\log P$, P étant une quantité algébrique. En désignant par $\Pi(x, a)$ ces fonctions, on aura le théorème

$$\Pi(x, a) - \Pi(a, x) = \Sigma \varphi a . \psi x,$$

φa et ψx étant des fonctions de première et de seconde espèce.

On en déduit, en appelant $\Pi(a)$ et ψ les périodes de $\Pi(x, a)$ et ψx relatives à une même révolution de x,

$$\Pi(a) = \Sigma \psi \times \varphi a.$$

Ainsi les périodes des fonctions de troisième espèce s'expriment toujours en fonction de première et de seconde espèce.

On peut en déduire aussi des théorèmes analogues au théorème de Legendre

$$FE' + EF' - FF' = \frac{\pi}{2}.$$

La réduction des fonctions de troisième espèce à des intégrales définies, qui est la plus belle découverte de M. Jacobi, n'est pas praticable, hors le cas des fonctions elliptiques.

La multiplication des fonctions intégrales par un nombre entier est toujours possible, comme l'addition, au moyen d'une équation de degré n dont les racines sont les valeurs à substituer dans l'intégrale pour avoir les termes réduits.

L'équation qui donne la division des périodes en p parties égales est du degré $p^{2n} - 1$. Son groupe a en tout

$$(p^{2n} - 1)(p^{2n} - p)\ldots(p^{2n} - p^{2n-1}) \text{ permutations.}$$

L'équation qui donne la division d'une somme de n termes en p parties égales est du degré p^{2n}. Elle est soluble par radicaux.

De la transformation. — On peut d'abord, en suivant des raisonnements analogues à ceux qu'Abel a consignés dans son dernier Mémoire, démontrer que si, dans une même relation entre des intégrales, on a les deux fonctions

$$\int \Phi(x, X)\,dx, \quad \int \Psi(y, Y)\,dy,$$

la dernière intégrale ayant $2n$ périodes, il sera permis de supposer que y et Y s'expriment moyennant une seule équation de degré n en fonction de x et de X.

D'après cela on peut supposer que les transformations aient lieu constamment entre deux intégrales seulement, puisqu'on aura évidemment, en prenant une fonction quelconque rationnelle de y et de Y,

$$\Sigma \int f(y, Y)\,dy = \int F(x, X)\,dx + \text{une quant. alg. et log.}$$

Il y aurait sur cette équation des réductions évidentes dans le cas où les intégrales de l'un et de l'autre membre n'auraient pas toutes deux le même nombre de périodes.

Ainsi nous n'avons à comparer que des intégrales qui aient toutes deux le même nombre de périodes.

On démontrera que le plus petit degré d'irrationnalité de deux pareilles intégrales ne peut être plus grand pour l'une que pour l'autre.

On fera voir ensuite qu'on peut toujours transformer une intégrale donnée en une autre dans laquelle une période de la première soit divisée par le nombre premier p, et les $2n - 1$ autres restent les mêmes.

Il ne restera donc à comparer que des intégrales où les périodes seront les mêmes de part et d'autre, et telles, par conséquent, que n termes de l'une s'expriment sans autre équation qu'une seule du degré n, au moyen de ceux de l'autre, et réciproquement. Ici nous ne savons rien.

Tu sais, mon cher Auguste, que ces sujets ne sont pas les seuls que j'aie explorés. Mes principales méditations, depuis quelque temps, étaient dirigées sur l'application à l'analyse transcendante de la théorie de l'ambiguïté. Il s'agissait de voir *a priori*, dans une relation entre des quantités ou fonctions transcendantes, quels échanges on pouvait faire, quelles quantités on pouvait substituer aux quantités données, sans que la relation pût cesser d'avoir lieu. Cela fait reconnaître de suite l'impossibilité de beaucoup d'expressions que l'on pourrait chercher. Mais je n'ai pas le temps, et mes idées ne sont pas encore bien développées sur ce terrain, qui est immense.

Tu feras imprimer cette Lettre dans la *Revue encyclopédique*.

Je me suis souvent hasardé dans ma vie à avancer des propositions dont je n'étais pas sûr; mais tout ce que j'ai écrit là est depuis bientôt un an dans ma tête, et il est trop de mon intérêt de ne pas me tromper pour qu'on me soupçonne d'énoncer des théorèmes dont je n'aurais pas la démonstration complète.

Tu prieras publiquement Jacobi ou Gauss de donner leur avis, non sur la vérité, mais sur l'importance des théorèmes.

Après cela, il y aura, j'espère, des gens qui trouveront leur profit à déchiffrer tout ce gâchis.

Je t'embrasse avec effusion.

E. Galois.

Le 29 mai 1832.

MÉMOIRE

SUR LES

CONDITIONS DE RÉSOLUBILITÉ DES ÉQUATIONS PAR RADICAUX (¹).

Le Mémoire ci-joint (²) est extrait d'un Ouvrage que j'ai eu l'honneur de présenter à l'Académie il y a un an. Cet Ouvrage n'ayant pas été compris, les propositions qu'il renferme ayant été révoquées en doute, j'ai dû me contenter de donner, sous forme synthétique, les principes généraux et une *seule* application de ma théorie. Je supplie mes juges de lire du moins avec attention ce peu de pages.

On trouvera ici une *condition* générale à laquelle *satisfait toute équation soluble par radicaux,* et qui réciproquement assure leur résolubilité. On en fait l'application seulement aux

---

(¹) Ce Mémoire et le suivant ont été retrouvés dans les papiers de Galois et publiés pour la première fois en 1846 par Liouville, qui les avait fait précéder de la note suivante :

« En insérant dans leur Recueil la lettre qu'on vient de lire, les éditeurs de la *Revue encyclopédique* annonçaient qu'ils publieraient prochainement les manuscrits laissés par Galois. Mais cette promesse n'a pas été tenue. M. Auguste Chevalier avait cependant préparé le travail. Il nous a remis et l'on trouvera dans les feuilles qui vont suivre :

» 1° Un Mémoire entier sur les conditions de résolubilité des équations par radicaux, avec l'application aux équations de degré premier;

» 2° Un fragment d'un second Mémoire où Galois traite de la théorie générale des équations qu'il nomme *primitives*.

» Nous avons conservé la plupart des notes que M. Auguste Chevalier avait jointes aux Mémoires dont nous venons de parler. Ces notes sont toutes marquées des initiales A. Ch. Les notes non signées sont de Galois lui-même.

» Nous compléterons cette publication par quelques autres morceaux extraits des papiers de Galois, et qui, sans avoir une grande importance, pourront cependant encore être lus avec intérêt par les géomètres. »

Les extraits dont parle Liouville dans la dernière phrase de cette note n'ont jamais été publiés.

(²) J'ai jugé convenable de placer en tête de ce Mémoire la préface qu'on va lire, bien que je l'aie trouvée biffée dans le manuscrit. (A. Ch.)

équations dont le degré est un nombre premier. Voici le théorème donné par notre analyse :

Pour qu'une équation de degré premier, qui n'a pas de diviseurs commensurables, soit soluble par radicaux, il faut *et il* suffit *que toutes les racines soient des fonctions rationnelles de deux quelconques d'entre elles.*

Les autres applications de la théorie sont elles-mêmes autant de théories particulières. Elles nécessitent d'ailleurs l'emploi de la théorie des nombres, et d'un algorithme particulier : nous les réservons pour une autre occasion. Elles sont en partie relatives aux équations modulaires de la théorie des fonctions elliptiques, que nous démontrons ne pouvoir se résoudre par radicaux.

Ce 16 janvier 1831.

E. Galois.

PRINCIPES.

Je commencerai par établir quelques définitions et une suite de lemmes qui sont tous connus.

Définitions. — Une équation est dite *réductible* quand elle admet des diviseurs rationnels ; *irréductible* dans le cas contraire.

Il faut ici expliquer ce qu'on doit entendre par le mot *rationnel*, car il se représentera souvent.

Quand l'équation a *tous* ses coefficients numériques et rationnels, cela veut dire simplement que l'équation peut se décomposer en facteurs qui aient leurs coefficients numériques et rationnels.

Mais quand les coefficients d'une équation ne seront *pas tous* numériques et rationnels, alors il faudra entendre par diviseur rationnel un diviseur dont les coefficients s'exprimeraient en fonction rationnelle des coefficients de la proposée.

Il y a plus : on pourra convenir de regarder comme rationnelle toute fonction rationnelle d'un certain nombre de quantités déterminées, supposées connues *a priori*. Par exemple, on pourra choisir une certaine racine d'un nombre entier, et regarder comme rationnelle toute fonction rationnelle de ce radical.

Lorsque nous conviendrons de regarder ainsi comme connues de certaines quantités, nous dirons que nous les *adjoignons* à l'équation qu'il s'agit de résoudre. Nous dirons que ces quantités sont *adjointes* à l'équation.

Cela posé, nous appellerons *rationnelle* toute quantité qui s'exprimera en fonction rationnelle des coefficients de l'équation et d'un certain nombre de quantités *adjointes* à l'équation et convenues arbitrairement.

Quand nous nous servirons d'équations auxiliaires, elles seront rationnelles, si leurs coefficients sont rationnels en notre sens.

On voit, au surplus, que les propriétés et les difficultés d'une équation peuvent être tout à fait différentes suivant les quantités qui lui sont adjointes. Par exemple, l'adjonction d'une quantité peut rendre réductible une équation irréductible.

Ainsi, quand on adjoint à l'équation

$$\frac{x^n - 1}{x - 1} = 0,$$

où n est premier, une racine d'une des équations auxiliaires de M. Gauss, cette équation se décompose en facteurs et devient, par conséquent, réductible.

Les substitutions sont le passage d'une permutation à l'autre.

La permutation d'où l'on part pour indiquer les substitutions est toute arbitraire, quand il s'agit de fonctions; car il n'y a aucune raison pour que, dans une fonction de plusieurs lettres, une lettre occupe un rang plutôt qu'un autre.

Cependant, comme on ne peut guère se former l'idée d'une substitution sans se former celle d'une permutation, nous ferons, dans le langage, un emploi fréquent des permutations, et nous ne considérerons les substitutions que comme le passage d'une permutation à une autre.

Quand nous voudrons grouper des substitutions, nous les ferons toutes provenir d'une même permutation.

Comme il s'agit toujours de questions où la disposition primitive des lettres n'influe en rien dans les groupes que nous considérerons, on devra avoir les mêmes substitutions, quelle que soit la permutation d'où l'on sera parti. Donc, si dans un pareil groupe on a les substitutions S et T, on est sûr d'avoir la substitution ST.

Telles sont les définitions que nous avons cru devoir rappeler.

Lemme I. — *Une équation irréductible ne peut avoir aucune racine commune avec une équation rationnelle, sans la diviser.*

Car le plus grand commun diviseur entre l'équation irréductible et l'autre équation sera encore rationnel ; donc, etc.

Lemme II. — *Étant donnée une équation quelconque, qui n'a pas de racines égales, dont les racines sont a, b, c, ..., on peut toujours former une fonction V des racines, telle qu'aucune des valeurs que l'on obtient en permutant dans cette fonction les racines de toutes manières, ne soit égale à une autre.*

Par exemple, on peut prendre

$$V = Aa + Bb + Cc + \ldots,$$

A, B, C étant des nombres entiers convenablement choisis.

Lemme III. — *La fonction V étant choisie comme il est indiqué dans l'article précédent, elle jouira de cette propriété, que toutes les racines de l'équation proposée s'exprimeront rationnellement en fonction de V.*

En effet, soit

$$V = \varphi(a, b, c, d, \ldots),$$

ou bien

$$V - \varphi(a, b, c, d, \ldots) = 0.$$

Multiplions entre elles toutes les équations semblables, que l'on obtient en permutant dans celles-ci toutes les lettres, la première seulement restant fixe ; il viendra une expression suivante :

$$[V - \varphi(a, b, c, d, \ldots)][V - \varphi(a, c, b, d, \ldots)][V - \varphi(a, b, d, c, \ldots)]\ldots,$$

symétrique en b, c, d, ..., laquelle pourra, par conséquent, s'écrire en fonction de a. Nous aurons donc une équation de la forme

$$F(V, a) = 0.$$

Or je dis que de là on peut tirer la valeur de a. Il suffit pour cela de chercher la solution commune à cette équation et à la proposée. Cette solution est la seule commune, car on ne peut avoir, par exemple,

$$F(V, b) = 0,$$

cette équation ayant un facteur commun avec l'équation semblable, sans quoi l'une des fonctions $\varphi(a, \ldots)$ serait égale à l'une des fonctions $\varphi(b, \ldots)$; ce qui est contre l'hypothèse.

Il suit de là que a s'exprime en fonction rationnelle de V, et il en est de même des autres racines.

Cette proposition ([1]) est citée sans démonstration par Abel, dans le Mémoire posthume sur les fonctions elliptiques.

Lemme IV. — *Supposons que l'on ait formé l'équation en* V, *et que l'on ait pris l'un de ses facteurs irréductibles, en sorte que* V *soit racine d'une équation irréductible. Soient* V, V′, V″, ... *les racines de cette équation irréductible. Si* $a = f(V)$ *est une des racines de la proposée,* $f(V')$ *de même sera une racine de la proposée.*

En effet, en multipliant entre eux tous les facteurs de la forme $V - \varphi(a, b, c, \ldots, d)$, où l'on aura opéré sur les lettres toutes les permutations possibles, on aura une équation rationnelle en V, laquelle se trouvera nécessairement divisible par l'équation en question ; donc V′ doit s'obtenir par l'échange des lettres dans la fonction V. Soit $F(V, a) = 0$ l'équation qu'on obtient en permutant dans V toutes les lettres, hors la première. On aura donc $F(V', b) = 0$, b pouvant être égal à a, mais étant certainement l'une des racines de l'équation proposée ; par conséquent, de même que de la proposée et de $F(V, a) = 0$ est résulté $a = f(V)$, de même il résultera de la proposée et de $F(V', b) = 0$ combinées, la suivante $b = f(V')$.

([1]) Il est remarquable que de cette proposition on peut conclure que toute équation dépend d'une équation auxiliaire telle, que toutes les racines de cette nouvelle équation soient des fonctions rationnelles les unes des autres : car l'équation auxiliaire en V est dans ce cas.

Au surplus, cette remarque est purement curieuse. En effet, une équation qui a cette propriété n'est pas, en général, plus facile à résoudre qu'une autre.

PROPOSITION I.

Théorème. — *Soit une équation donnée, dont a, b, c, ... sont les m racines. Il y aura toujours un groupe de permutations des lettres a, b, c, ... qui jouira de la propriété suivante :*

1° *Que toute fonction des racines, invariable* [1] *par les substitutions de ce groupe, soit rationnellement connue ;*

2° *Réciproquement, que toute fonction des racines, déterminable rationnellement, soit invariable par les substitutions.*

(Dans le cas des équations algébriques, ce groupe n'est autre chose que l'ensemble des $1.2.3\ldots m$ permutations possibles sur les m lettres, puisque, dans ce cas, les fonctions symétriques sont seules déterminables rationnellement.)

(Dans le cas de l'équation $\frac{x^p-1}{x-1}=0$, si l'on suppose $a=r$, $b=r^g$, $c=r^{g^2}$, ..., g étant une racine primitive, le groupe de permutations sera simplement celui-ci :

abcd.....k,
bcd.....ka,
cd.....kab,
....
kabc.....i ;

dans ce cas particulier, le nombre des permutations est égal au degré de l'équation, et la même chose aurait lieu dans les équations dont toutes les racines seraient des fonctions rationnelles les unes des autres.)

Démonstration. — Quelle que soit l'équation donnée, on pourra trouver une fonction rationnelle V des racines, telle que toutes

[1] Nous appelons ici invariable non seulement une fonction dont la forme est invariable par les substitutions des racines entre elles, mais encore celle dont la valeur numérique ne varierait pas par ces substitutions. Par exemple, si $Fx=0$ est une équation, Fx est une fonction des racines qui ne varie par aucune permutation.

Quand nous disons qu'une fonction est rationnellement connue, nous voulons dire que sa valeur numérique est exprimable en fonction rationnelle des coefficients de l'équation et des quantités adjointes.

les racines soient fonctions rationnelles de V. Cela posé, considérons l'équation irréductible dont V est racine (lemmes III et IV). Soient V, V′, V″, ..., $V^{(n-1)}$ les racines de cette équation.

Soient φV, $\varphi_1 V$, $\varphi_2 V$, ..., $\varphi_{m-1} V$ les racines de la proposée. Écrivons les n permutations suivantes des racines :

(V)	$\varphi V,$	$\varphi_1 V,$	$\varphi_2 V,$	....	$\varphi_{m-1} V,$
(V′)	$\varphi V',$	$\varphi_1 V',$	$\varphi_2 V',$	...,	$\varphi_{m-1} V',$
(V″),	$\varphi V'',$	$\varphi_1 V'',$	$\varphi_2 V'',$	...,	$\varphi_{m-1} V'',$
....,	....,	.....	....,	...,	.......,
$(V^{(n-1)})$,	$\varphi V^{(n-1)},$	$\varphi_1 V^{(n-1)},$	$\varphi_2 V^{(n-1)},$	...,	$\varphi_{m-1} V^{(n-1)}$:

je dis que ce groupe de permutations jouit de la propriété énoncée. En effet :

1° Toute fonction F des racines, invariable par les substitutions de ce groupe, pourra être écrite ainsi : $F = \psi V$, et l'on aura

$$\psi V = \psi V' = \psi V'' = \ldots = \psi V^{(n-1)}.$$

La valeur de F pourra donc se déterminer rationnellement.

2° Réciproquement, si une fonction F est déterminable rationnellement, et que l'on pose $F = \psi V$, on devra avoir

$$\psi V = \psi V' = \psi V'' = \ldots = \psi V^{(n-1)},$$

puisque l'équation en V n'a pas de diviseur commensurable et que V satisfait à l'équation $F = \psi V$, F étant une quantité rationnelle. Donc la fonction F sera nécessairement invariable par les substitutions du groupe écrit ci-dessus.

Ainsi, ce groupe jouit de la double propriété dont il s'agit dans le théorème proposé. Le théorème est donc démontré.

Nous appellerons *groupe de l'équation* le groupe en question.

Scolie I. — Il est évident que, dans le groupe de permutations dont il s'agit ici, la disposition des lettres n'est point à considérer, mais seulement les substitutions de lettres par lesquelles on passe d'une permutation à l'autre.

Ainsi l'on peut se donner arbitrairement une première permutation, pourvu que les autres permutations s'en déduisent toujours par les mêmes substitutions de lettres. Le nouveau groupe ainsi formé jouira évidemment des mêmes propriétés que le premier, puisque, dans le théorème précédent, il ne s'agit que des substitutions que l'on peut faire dans les fonctions.

Scolie II. — Les substitutions sont indépendantes même du nombre des racines.

PROPOSITION II.

THÉORÈME ([1]). — *Si l'on adjoint à une équation donnée la racine r d'une équation auxiliaire irréductible,* 1° *il arrivera de deux choses l'une : ou bien le groupe de l'équation ne sera pas changé, ou bien il se partagera en p groupes appartenant chacun à l'équation proposée respectivement quand on lui adjoint chacune des racines de l'équation auxiliaire;* 2° *ces groupes jouiront de la propriété remarquable, que l'on passera de l'un à l'autre en opérant dans toutes les permutations du premier une même substitution de lettres.*

1° Si, après l'adjonction de r, l'équation en V, dont il est question plus haut, reste irréductible, il est clair que le groupe de l'équation ne sera pas changé. Si, au contraire, elle se réduit, alors l'équation en V se décomposera en p facteurs, tous de même degré et de la forme

$$f(V, r) \times f(V, r') \times f(V, r'') \times \ldots,$$

r, r', r'', ... étant d'autres valeurs de r. Ainsi, le groupe de l'équation proposée se décomposera aussi en groupes chacun d'un même nombre de permutations, puisque à chaque valeur de V correspond une permutation. Ces groupes seront respecti-

([1]) Dans l'énoncé du théorème, après ces mots : *la racine r d'une équation auxiliaire irréductible*, Galois avait mis d'abord ceux-ci : *de degré p premier*, qu'il a effacés plus tard. De même, dans la démonstration, au lieu de r, r', r'', ... *étant d'autres valeurs de r*, la rédaction primitive portait : r, r', r'', ... *étant les diverses valeurs de r*. Enfin on trouve à la marge du manuscrit la note suivante de l'auteur :

« Il y a quelque chose à compléter dans cette démonstration. Je n'ai pas le temps. »

Cette ligne a été jetée avec une grande rapidité sur le papier; circonstance qui, jointe aux mots : « Je n'ai pas le temps », me fait penser que Galois a relu son Mémoire pour le corriger avant d'aller sur le terrain. (A. Ch.)

vement ceux de l'équation proposée, quand on lui adjoindra successivement r, r', r'', ...

2° Nous avons vu plus haut que toutes les valeurs de V étaient des fonctions rationnelles les unes des autres. D'après cela, supposons que, V étant une racine de $f(V, r) = 0$, $F(V)$ en soit une autre; il est clair que de même si V' est une racine de $f(V, r') = 0$, $F(V')$ en sera une autre; car on aura

$$f[F(V), r] = \text{une fonction divisible par } f(V, r).$$

Donc (*lemme* I)

$$f[F(V'), r'] = \text{une fonction divisible par } f(V', r').$$

Cela posé, je dis que l'on obtient le groupe relatif à r' en opérant partout dans le groupe relatif à r une même substitution de lettres.

En effet, si l'on a, par exemple,

$$\varphi_\mu F(V) = \varphi_\nu(V),$$

on aura encore (*lemme* I),

$$\varphi_\mu F(V') = \varphi_\nu(V').$$

Donc, pour passer de la permutation $[F(V)]$ à la permutation $[F(V')]$, il faut faire la même substitution que pour passer de la permutation (V) à la permutation (V').

Le théorème est donc démontré.

PROPOSITION III.

Théorème. — *Si l'on adjoint à une équation* toutes *les racines d'une équation auxiliaire, les groupes dont il est question dans le théorème II jouiront, de plus, de cette propriété que les substitutions sont les mêmes dans chaque groupe.*

On trouvera la démonstration [1].

[1] Dans le manuscrit, l'énoncé du théorème qu'on vient de lire se trouve en marge et en remplace un autre que Galois avait écrit avec sa démonstration sous le même titre : *Proposition III*. Voici le texte primitif : Théorème. — *Si l'équa-*

PROPOSITION IV.

Théorème. — *Si l'on adjoint à une équation la valeur numérique d'une certaine fonction de ses racines, le groupe de l'équation s'abaissera de manière à n'avoir plus d'autres permutations que celles par lesquelles cette fonction est invariable.*

En effet, d'après la proposition I, toute fonction connue doit être invariable par les permutations du groupe de l'équation.

PROPOSITION V.

Problème. — *Dans quel cas une équation est-elle soluble par de simples radicaux?*

J'observerai d'abord que, pour résoudre une équation, il faut successivement abaisser son groupe jusqu'à ne contenir plus qu'une seule permutation. Car, quand une équation est résolue, une fonction quelconque de ses racines est connue, même quand elle n'est invariable par aucune permutation.

Cela posé, cherchons à quelle condition doit satisfaire le groupe d'une équation, pour qu'il puisse s'abaisser ainsi par l'adjonction de quantités radicales.

Suivons la marche des opérations possibles dans cette solution, en considérant comme opérations distinctes l'extraction de chaque racine de degré premier.

---

tion en r est de la forme $r^p = A$, et que les racines $p^{ièmes}$ de l'unité se trouvent au nombre des quantités précédemment adjointes, les p groupes dont il est question dans le Théorème II jouiront, de plus, de cette propriété que les substitutions de lettres par lesquelles on passe d'une permutation à une autre dans chaque groupe soient les mêmes pour tous les groupes. En effet, dans ce cas, il revient au même d'adjoindre à l'équation telle ou telle valeur de r. Par conséquent, ses propriétés doivent être les mêmes après l'adjonction de telle ou telle valeur. Ainsi son groupe doit être le même quant aux substitutions (Proposition I, scolie). Donc, etc.

Tout cela est effacé avec soin; le nouvel énoncé porte la date 1832 et montre, par la manière dont il est écrit, que l'auteur était extrêmement pressé, ce qui confirme l'assertion que j'ai avancée dans la Note précédente. (A. Ch.)

Adjoignons à l'équation le premier radical extrait dans la solution. Il pourra arriver deux cas : ou bien, par l'adjonction de ce radical, le groupe des permutations de l'équation sera diminué ; ou bien, cette extraction de racine n'étant qu'une simple préparation, le groupe restera le même.

Toujours sera-t-il qu'après un certain nombre *fini* d'extractions de racines, le groupe devra se trouver diminué, sans quoi l'équation ne serait pas soluble.

Si, arrivé à ce point, il y avait plusieurs manières de diminuer le groupe de l'équation proposée par une simple extraction de racine, il faudrait, pour ce que nous allons dire, considérer seulement un radical du degré le moins haut possible parmi tous les simples radicaux, qui sont tels que la connaissance de chacun d'eux diminue le groupe de l'équation.

Soit donc p le nombre premier qui représente ce degré minimum, en sorte que par une extraction de racine de degré p, on diminue le groupe de l'équation.

Nous pouvons toujours supposer, du moins pour ce qui est relatif au groupe de l'équation, que, parmi les quantités adjointes précédemment à l'équation, se trouve une racine $p^{\text{ième}}$ de l'unité, α. Car, comme cette expression s'obtient par des extractions de racines de degré inférieur à p, sa connaissance n'altérera en rien le groupe de l'équation.

Par conséquent, d'après les théorèmes II et III, le groupe de l'équation devra se décomposer en p groupes jouissant les uns par rapport aux autres de cette double propriété : 1° que l'on passe de l'un à l'autre par une seule et même substitution ; 2° que tous contiennent les mêmes substitutions.

Je dis réciproquement que, si le groupe de l'équation peut se partager en p groupes qui jouissent de cette double propriété, on pourra, par une simple extraction de racine $p^{\text{ième}}$, et par l'adjonction de cette racine $p^{\text{ième}}$, réduire le groupe de l'équation à l'un de ces groupes partiels.

Prenons, en effet, une fonction des racines qui soit invariable pour toutes les substitutions de l'un des groupes partiels, et varie pour toute autre substitution. (Il suffit, pour cela, de choisir une fonction symétrique des diverses valeurs que prend, par toutes les permutations de l'un des groupes partiels, une fonction qui n'est invariable par aucune substitution.)

Soit θ cette fonction des racines.

Opérons sur la fonction θ une des substitutions du groupe total qui ne lui sont pas communes avec les groupes partiels. Soit θ_1 le résultat. Opérons sur la fonction θ_1 la même substitution, et soit θ_2 le résultat, et ainsi de suite.

Comme p est un nombre premier, cette suite ne pourra s'arrêter qu'au terme θ_{p-1}; ensuite l'on aura $\theta_p = \theta_1$, $\theta_{p+1} = \theta_1$, et ainsi de suite.

Cela posé, il est clair que la fonction

$$(\theta + \alpha\theta_1 + \alpha^2\theta_2 + \ldots + \alpha^{p-1}\theta_{p-1})^p$$

sera invariable par toutes les permutations du groupe total et, par conséquent, sera actuellement connue.

Si l'on extrait la racine $p^{\text{ième}}$ de cette fonction, et qu'on l'adjoigne à l'équation, alors, par la proposition IV, le groupe de l'équation ne contiendra plus d'autres substitutions que celles des groupes partiels.

Ainsi, pour que le groupe d'une équation puisse s'abaisser par une simple extraction de racine, la condition ci-dessus est nécessaire et suffisante.

Adjoignons à l'équation le radical en question; nous pourrons raisonner maintenant sur le nouveau groupe comme sur le précédent, et il faudra qu'il se décompose lui-même de la manière indiquée, et ainsi de suite, jusqu'à un certain groupe qui ne contiendra plus qu'une seule permutation.

Scolie. — Il est aisé d'observer cette marche dans la résolution connue des équations générales du quatrième degré. En effet, ces équations se résolvent au moyen d'une équation du troisième degré, qui exige elle-même l'extraction d'une racine carrée. Dans la suite naturelle des idées, c'est donc par cette racine carrée qu'il faut commencer. Or, en adjoignant à l'équation du quatrième degré cette racine carrée, le groupe de l'équation, qui contenait en tout vingt-quatre substitutions, se décompose en deux qui n'en contiennent que douze. En désignant par a, b, c, d les racines, voici l'un de ces groupes :

$$\begin{array}{lll} abcd, & acdb, & adbc, \\ badc, & cabd, & dacb, \\ cdab, & dbac, & bcad, \\ dcba, & bdca. & cbda. \end{array}$$

Maintenant ce groupe se partage lui-même en trois groupes, comme il est indiqué aux théorèmes II et III. Ainsi, par l'extraction d'un seul radical du troisième degré, il reste simplement le groupe

$$\begin{array}{l} abcd, \\ badc, \\ cdab, \\ dcba : \end{array}$$

ce groupe se partage de nouveau en deux groupes :

$$\begin{array}{ll} abcd, & cdab, \\ badc, & dcba. \end{array}$$

Ainsi, après une simple extraction de racine carrée, il restera

$$\begin{array}{l} abcd, \\ badc : \end{array}$$

ce qui se résoudra enfin par une simple extraction de racine carrée.

On obtient ainsi, soit la solution de Descartes, soit celle d'Euler; car, bien qu'après la résolution de l'équation auxiliaire du troisième degré ce dernier extraye trois racines carrées, on sait qu'il suffit de deux, puisque la troisième s'en déduit rationnellement.

Nous allons maintenant appliquer cette condition aux équations irréductibles dont le degré est premier.

Application aux équations irréductibles de degré premier.

PROPOSITION VI.

Lemme. — *Une équation irréductible de degré premier ne peut devenir réductible par l'adjonction d'un radical dont l'indice serait autre que le degré même de l'équation.*

Car si $r, r', r'', \ldots$ sont les diverses valeurs du radical, et $Fx = 0$ l'équation proposée, il faudrait que Fx se partageât en facteurs

$$f(x, r) \times f(x, r') \times \ldots,$$

tous de même degré, ce qui ne se peut, à moins que $f(x, r)$ ne soit du premier degré en x.

Ainsi, une équation irréductible de degré premier ne peut devenir réductible, à moins que son groupe ne se réduise à une seule permutation.

PROPOSITION VII.

Problème. — *Quel est le groupe d'une équation irréductible d'un degré premier n, soluble par radicaux?*

D'après la proposition précédente, le plus petit groupe possible, avant celui qui n'a qu'une seule permutation, contiendra n permutations. Or, un groupe de permutations d'un nombre premier n de lettres ne peut se réduire à n permutations, à moins que l'une de ces permutations ne se déduise de l'autre par une substitution circulaire de l'ordre n. (*Voir* le Mémoire de M. Cauchy, *Journal de l'École Polytechnique*, XVIIe cahier.) Ainsi, l'avant-dernier groupe sera

$$(G)\quad \left\{\begin{array}{cccccccc} x_0, & x_1, & x_2, & x_3, & \ldots, & x_{n-3}, & x_{n-2}, & x_{n-1}, \\ x_1, & x_2, & x_3, & x_4, & \ldots, & x_{n-2}, & x_{n-1}, & x_0, \\ x_2, & x_3, & \ldots & \ldots & \ldots & x_{n-1}, & x_0, & x_1 \\ \ldots & \ldots & \ldots & \ldots & \ldots & \ldots; & \ldots, & \ldots \\ x_{n-1}, & x_0, & x_1, & \ldots; & \ldots, & x_{n-4}, & x_{n-3}, & x_{n-2}, \end{array}\right.$$

$x_0, x_1, x_2, \ldots, x_{n-1}$ étant les racines.

Maintenant, le groupe qui précédera immédiatement celui-ci dans l'ordre des décompositions devra se composer d'un certain nombre de groupes ayant tous les mêmes substitutions que celui-ci. Or, j'observe que ces substitutions peuvent s'exprimer ainsi (faisons, en général, $x_n = x_0$, $x_{n+1} = x_1$, ...; il est clair que chacune des substitutions du groupe (G) s'obtient en mettant partout à la place de x_k, x_{k+c}, c étant une constante).

Considérons l'un quelconque des groupes semblables au groupe (G). D'après le théorème II, il devra s'obtenir en opérant partout dans ce groupe une même substitution; par exemple, en mettant partout dans le groupe (G), à la place de x_k, $x_{f(k)}$, f étant une certaine fonction.

Les substitutions de ces nouveaux groupes devant être les mêmes que celles du groupe (G), on devra avoir

$$f(k+c) = f(k) + C,$$

C étant indépendant de k.

Donc

$$f(k+2c) = f(k) + 2C,$$
$$\dots\dots\dots\dots\dots\dots$$
$$f(k+mc) = f(k) + mC.$$

Si $c = 1$, $k = 0$, on trouvera

$$f(m) = am + b,$$

ou bien

$$f(k) = ak + b,$$

a et b étant des constantes.

Donc, le groupe qui précède immédiatement le groupe (G) ne devra contenir que des substitutions telles que

$$x_k, \quad x_{ak+b}$$

et ne contiendra pas, par conséquent, d'autre substitution circulaire que celle du groupe (G).

On raisonnera sur ce groupe comme sur le précédent, et il s'ensuivra que le premier groupe dans l'ordre des décompositions, c'est-à-dire le groupe *actuel* de l'équation, ne peut contenir que des substitutions de la forme

$$x_k, \quad x_{ak+b}.$$

Donc, *si une équation irréductible de degré premier est soluble par radicaux, le groupe de cette équation ne saurait contenir que des substitutions de la forme*

$$x_k, \quad x_{ak+b},$$

a et b étant des constantes.

Réciproquement, si cette condition a lieu, je dis que l'équation sera soluble par radicaux. Considérons, en effet, les fonctions

$$\begin{array}{l}(x_0 + \alpha x_1 + \alpha^2 x_2 + \ldots + \alpha^{n-1} x_{n-1})^n = X_1,\\ (x_0 + \alpha x_a + \alpha^2 x_{2a} + \ldots + \alpha^{n-1} x_{(n-1)a})^n = X_a,\\ (x_0 + \alpha x_{a^2} + \alpha^2 x_{2a^2} + \ldots + \alpha^{n-1} x_{(n-1)a^2})^n = X_{a^2},\\ \ldots\ldots\ldots\ldots\ldots\ldots\ldots\ldots\ldots\ldots,\end{array}$$

α étant une racine $n^{\text{ième}}$ de l'unité, a une racine primitive de n.

Il est clair que toute fonction invariable par les substitutions circulaires des quantités $X_1, X_a, X_{a^2}, \ldots$ sera, dans ce cas, immédiatement connue. Donc, on pourra trouver $X_1, X_a, X_{a^2}, \ldots$, par la méthode de M. Gauss pour les équations binômes. Donc, etc.

Ainsi, pour qu'une équation irréductible de degré premier soit soluble par radicaux, il *faut* et il *suffit* que toute fonction invariable par les substitutions

$$x_k, \quad x_{ak+b}$$

soit rationnellement connue.

Ainsi, la fonction

$$(X_1 - X)(X_a - X)(X_{a^2} - X)\ldots$$

devra, quel que soit X, être connue.

Il *faut* donc et il *suffit* que l'équation qui donne cette fonction des racines admette, quel que soit X, une valeur rationnelle.

Si l'équation proposée a tous ses coefficients rationnels, l'équation auxiliaire qui donne cette fonction les aura tous aussi, et il suffira de reconnaître si cette équation auxiliaire du degré $1.2.3\ldots(n-2)$ a ou non une racine rationnelle, ce que l'on sait faire.

C'est là le moyen qu'il faudrait employer dans la pratique. Mais nous allons présenter le théorème sous une autre forme.

PROPOSITION VIII.

Théorème. — *Pour qu'une équation irréductible de degré premier soit soluble par radicaux, il* faut *et il* suffit *que deux quelconques des racines étant connues, les autres s'en déduisent rationnellement.*

Premièrement, il le faut, car la substitution

$$x_k, \quad x_{ak+b}$$

ne laissant jamais deux lettres à la même place, il est clair qu'en adjoignant deux racines à l'équation, par la proposition IV, son groupe devra se réduire à une seule permutation.

En second lieu, cela suffit ; car, dans ce cas, aucune substitution du groupe ne laissera deux lettres aux mêmes places. Par conséquent, le groupe contiendra tout au plus $n(n-1)$ permutations. Donc, il ne contiendra qu'une seule substitution circulaire (sans quoi il y aurait au moins n^2 permutations). Donc, toute substitution du groupe, x_k, x_{fk}, devra satisfaire à la condition

$$f(k+c) = f(k) + C.$$

Donc, etc.

Le théorème est donc démontré.

EXEMPLE DU THÉORÈME VII.

Soit $n = 5$; le groupe sera le suivant :

abcde
bcdea
cdeab
deabc
eabcd

acebd
cebda
ebdac
bdace
daceb

aedcb
edcba
dcbae
cbaed
baedc

adbec
dbeca
becad
ecadb
cadbe

DES ÉQUATIONS PRIMITIVES
QUI SONT SOLUBLES PAR RADICAUX [1].

(Fragment.)

Cherchons, en général, dans quel cas une équation primitive est soluble par radicaux. Or, nous pouvons de suite établir un caractère général fondé sur le degré même de ces équations. Ce caractère est celui-ci : *Pour qu'une équation primitive soit résoluble par radicaux, il faut que son degré soit de la forme p^ν, p étant premier*. Et de là suivra immédiatement que, lorsqu'on aura à résoudre par radicaux une équation irréductible dont le degré admettrait des facteurs premiers inégaux, on ne pourra le faire que par la méthode de décomposition due à M. Gauss; sinon l'équation sera insoluble.

Pour établir la propriété générale que nous venons d'énoncer relativement aux équations primitives qu'on peut résoudre par radicaux, nous pouvons supposer que l'équation que l'on veut résoudre soit primitive, mais cesse de l'être par l'adjonction d'un simple radical. En d'autres termes, nous pouvons supposer que, n étant premier, le groupe de l'équation se partage en n groupes irréductibles conjugués, mais non primitifs. Car, à moins que le degré de l'équation soit premier, un pareil groupe se présentera toujours dans la suite des décompositions.

Soit N le degré de l'équation, et supposons qu'après une extraction de racine de degré premier n, elle devienne non primitive et se partage en Q équations primitives de degré P, au moyen d'une seule équation de degré Q.

Si nous appelons G le groupe de l'équation, ce groupe devra se partager en n groupes conjugués non primitifs, dans lesquels les lettres se rangeront en systèmes composés de P lettres conjointes chacun. Voyons de combien de manières cela pourra se faire.

Soit H l'un des groupes conjugués non primitifs. Il est aisé de

[1] *Voir* la Note 1 de la page 33.

voir que, dans ce groupe, deux lettres quelconques prises à volonté feront partie d'un certain système de P lettres conjointes, et ne feront partie que d'un seul.

Car, en premier lieu, s'il y avait deux lettres qui ne pussent faire partie d'un même système de P lettres conjointes, le groupe G, qui est tel que l'une quelconque de ses substitutions transforme les unes dans les autres toutes les substitutions du groupe H, serait non primitif, ce qui est contre l'hypothèse.

En second lieu, si deux lettres faisaient partie de plusieurs systèmes différents, il s'ensuivrait que les groupes qui répondent aux divers systèmes de P lettres conjointes ne seraient pas primitifs, ce qui est encore contre l'hypothèse.

Cela posé, soient

$$\begin{array}{lllll} a_0, & a_1, & a_2, & \ldots, & a_{P-1}, \\ b_0, & b_1, & b_2, & \ldots, & b_{P-1}, \\ c_0, & c_1, & c_2, & \ldots, & c_{P-1} \end{array}$$

les N lettres : supposons que chaque ligne horizontale représente un système de lettres conjointes. Soient

$$a_0, \quad a_{0,1}, \quad a_{0,2}, \quad \ldots, \quad a_{0,P-1}$$

P lettres conjointes toutes situées dans la première colonne verticale. (Il est clair que nous pouvons faire qu'il en soit ainsi, en intervertissant l'ordre des lignes horizontales.)

Soient, de même,

$$a_{1,0}, \quad a_{1,1}, \quad a_{1,2}, \quad a_{1,3}, \quad \ldots, \quad a_{1,P-1}$$

P lettres conjointes toutes situées dans la seconde colonne verticale, en sorte que

$$a_{1,0}, \quad a_{1,1}, \quad a_{1,2}, \quad a_{1,3}, \quad \ldots, \quad a_{1,P-1}$$

appartiennent respectivement aux mêmes lignes horizontales que

$$a_{0,0}, \quad a_{0,1}, \quad a_{0,2}, \quad a_{0,3}, \quad \ldots, \quad a_{0,P-1};$$

soient, de même, les systèmes de lettres conjointes

$$\begin{array}{llllll} a_{2,0}, & a_{2,1}, & a_{2,2}, & a_{2,3}, & \ldots, & a_{2,P-1}, \\ a_{3,0}, & a_{3,1}, & a_{3,2}, & a_{3,3}, & \ldots, & a_{3,P-1}; \\ \ldots, & \ldots, & \ldots, & \ldots, & \ldots, & \ldots\ldots \end{array}$$

nous obtiendrons ainsi, en tout, P^2 lettres. Si le nombre total des lettres n'est pas épuisé, on prendra un troisième indice, en sorte que

$$a_{m,n,0},\quad a_{m,n,1},\quad a_{m,n,2},\quad a_{m,n,3},\quad \ldots,\quad a_{m,n,P-1}$$

soit, en général, un système de lettres conjointes; et l'on parviendra ainsi à cette conclusion, que $N = P^\mu$, μ étant un certain nombre égal à celui des indices différents dont on aura besoin. La forme générale des lettres sera

$$a_{k_1,k_2,k_3,\ldots k_\mu},$$

$k_1, k_2, k_3, \ldots, k_\mu$ étant des indices qui peuvent prendre chacun les P valeurs $0, 1, 2, 3, \ldots, P-1$.

On voit aussi, par la manière dont nous avons procédé, que, dans le groupe H, toutes les substitutions seront de la forme

$$\left[a_{k_1,k_2,k_3\ldots k_\mu},\quad a_{\varphi(k_1),\psi(k_2),\chi(k_3)\ldots,\sigma(k_\mu)}\right],$$

puisque chaque indice correspond à un système de lettres conjointes.

Si P n'est pas un nombre premier, on raisonnera sur le groupe de permutations de l'un quelconque des systèmes de lettres conjointes, comme sur le groupe G, en remplaçant chaque indice par un certain nombre de nouveaux indices, et l'on trouvera $P = R^\alpha$, et ainsi de suite; d'où enfin $N = p^\nu$, p étant un nombre premier.

Des équations primitives de degré p^2.

Arrêtons-nous un moment pour traiter de suite les équations primitives d'un degré p^2, p étant premier impair. (Le cas de $p = 2$ a été examiné.) Si une équation du degré p^2 est soluble par radicaux, supposons-la d'abord telle, qu'elle devienne non primitive par une extraction de radical.

Soit donc G un groupe primitif de p^2 lettres qui se partage en n groupes non primitifs conjugués à H.

Les lettres devront nécessairement, dans le groupe H, se ranger ainsi :

$$\begin{array}{llllll}
a_{0,0}, & a_{0,1}, & a_{0,2}, & a_{0,3}, & \ldots, & a_{0,p-1}, \\
a_{1,0}, & a_{1,1}, & a_{1,2}, & a_{1,3}, & \ldots, & a_{1,p-1}, \\
a_{2,0}, & a_{2,1}, & a_{2,2}, & a_{2,3}, & \ldots, & a_{2,p-1}, \\
\ldots, & \ldots, & \ldots, & \ldots, & \ldots, & \ldots \\
a_{p-1,0}, & a_{p-1,1}, & a_{p-1,2}, & a_{p-1,3}, & \ldots, & a_{p-1,p-1},
\end{array}$$

chaque ligne horizontale et chaque ligne verticale étant un système de lettres conjointes.

Si l'on permute entre elles les lignes horizontales, le groupe que l'on obtiendra, étant primitif et de degré premier, ne devra contenir que des substitutions de la forme

$$(a_{k_1,k_2}, \quad a_{mk_1+nk_2}),$$

les indices étant pris relativement au module p.

Il en sera de même pour les lignes qui ne pourront donner que des substitutions de la forme

$$(a_{k_1,k_2}, \quad a_{k_1,qk_2+r}).$$

Donc enfin toutes les substitutions du groupe H seront de la forme

$$(a_{k_2,k_3}, \quad a_{m_1k_1+n_1,m_2k_2+n_2}).$$

Si un groupe G se partage en n groupes conjugués à celui que nous venons de décrire, toutes les substitutions du groupe G devront transformer les unes dans les autres les substitutions circulaires du groupe H, qui sont toutes écrites comme il suit :

$$(a) \qquad (a_{k_1,k_2}, \quad \ldots, \quad a_{k_1+\alpha_1,k_2+\alpha_2}, \quad \ldots).$$

Supposons donc que l'une des substitutions du groupe G se forme en remplaçant respectivement

$$\begin{array}{lll}
k_1 & \text{par} & \varphi_1(k_1, k_2), \\
k_2 & \text{par} & \varphi_2(k_1, k_2).
\end{array}$$

Si, dans les fonctions φ_1, φ_2, on substitue pour k_1 et k_2 les valeurs $k_1+\alpha_1$, $k_2+\alpha_2$, il devra venir des résultats de la forme

$$\varphi_1+\beta_1, \quad \varphi_2+\beta_2.$$

et de là il est aisé de conclure immédiatement que les substitutions du groupe G doivent être toutes comprises dans la formule

$$(A)\qquad (a_{k_1,k_2},\ a_{m_1k_1+n_1k+\alpha_1 m_2k_1+n_2k_2+\alpha_2}).$$

Or nous savons, par le n° (1), que les substitutions du groupe G ne peuvent embrasser que p^2-1 ou p^2-p lettres. Ce n'est point p^2-p, puisque, dans ce cas, le groupe G serait non primitif. Si donc, dans le groupe G, on ne considère que les permutations où la lettre $a_{0,0}$, par exemple, conserve toujours la même place, on n'aura que des substitutions de l'ordre p^2-1 entre les p^2-1 autres lettres.

Mais rappelons-nous ici que c'est simplement pour la démonstration que nous avons supposé que le groupe primitif G se partageât en groupes conjugués non primitifs. Comme cette condition n'est nullement nécessaire, les groupes seront souvent beaucoup plus composés.

Il s'agit donc de reconnaître dans quel cas ces groupes pourront admettre des substitutions où p^2-p lettres seulement varieraient, et cette recherche va nous retenir quelque temps.

Soit donc G un groupe qui contienne quelque substitution de l'ordre p^2-p; je dis d'abord que toutes les substitutions de ce groupe seront linéaires, c'est-à-dire de la forme (A).

La chose est reconnue vraie pour les substitutions de l'ordre p^2-1; il suffit donc de la démontrer pour celles de l'ordre p^2-p. Ne considérons donc qu'un groupe où les substitutions seraient toutes *m* de l'ordre p^2 ou de l'ordre p^2-p. (*Voyez* l'endroit cité.)

Alors les p lettres qui, dans une substitution de l'ordre p^2-p, ne varieront pas, devront être des lettres conjointes.

Supposons que ces lettres conjointes soient

$$a_{0,0},\quad a_{0,1},\quad a_{0,2},\quad \ldots,\quad a_{0,p-1}.$$

Nous pouvons déduire toutes les substitutions où ces p lettres ne changent pas de place, nous pouvons les déduire de substitutions

(1) Ce Mémoire faisant suite à un travail de Galois que je ne possède pas, il m'est impossible d'indiquer le Mémoire cité ici et plus bas. (A. CH.)

de la forme

$$(a_{k_1,k_2} \quad a_{k_1,\varphi k_2})$$

et de substitutions de l'ordre $p^2 - p$, dont la période serait de p termes. (*Voyez* encore l'endroit cité.)

Les premiers doivent nécessairement, pour que le groupe jouisse de la propriété voulue, se réduire à la forme

$$(a_{k_1,k_2} \quad a_{k_1,mk_2}),$$

d'après ce qu'on a vu pour les équations de degré p.

Quant aux substitutions dont la période serait de p termes, comme elles sont conjuguées aux précédentes, nous pouvons supposer un groupe qui les contienne sans contenir celles-ci : donc elles devront transformer les substitutions circulaires (a) les unes dans les autres ; donc elles seront aussi linéaires.

Nous sommes donc arrivés à cette conclusion, que le groupe primitif de permutations de p^2 lettres doit ne contenir que des substitutions de la forme (A).

Maintenant, prenons le groupe total que l'on obtient en opérant sur l'expression

$$a_{k_1,k_2}$$

toutes les substitutions linéaires possibles, et cherchons quels sont les diviseurs de ce groupe qui peuvent jouir de la propriété voulue pour la résolubilité des équations.

Quel est d'abord le nombre total des substitutions linéaires? Premièrement, il est clair que toute transformation de la forme

$$k_1, k_2, \quad m_1 k_1 + n_1 k_2 + \alpha_1, \; m_2 k_1 + n_2 k_2 + \alpha_2$$

ne sera pas pour cela une substitution ; car il faut, dans une substitution, qu'à chaque lettre de la première permutation il ne réponde qu'une seule lettre de la seconde, et réciproquement.

Si donc on prend une lettre quelconque a_{l_1,l_2} de la seconde permutation, et que l'on remonte à la lettre correspondante dans la première, on devra trouver une lettre a_{k_1,k_2} où les indices k_1, k_2 seront parfaitement déterminés. Il faut donc que, quels que soient l_1 et l_2, on ait, par les deux équations

$$m_1 k_1 + n_1 k_2 + \alpha_1 = l_1, \quad m_2 k_1 + n_2 k_2 + \alpha_2 = l_2,$$

des valeurs de k_1 et k_2 finies et déterminées. Ainsi la condition pour qu'une pareille transformation soit réellement une substitution est que $m_1 n_2 - m_2 n_1$ ne soit ni nul ni divisible par le module p, ce qui est la même chose.

Je dis maintenant que, bien que ce groupe à substitutions linéaires n'appartienne pas toujours, comme on le verra, à des équations solubles par radicaux, il jouira toutefois de cette propriété, que, si dans une quelconque de ses substitutions il y a n lettres de fixes, n divisera le nombre des lettres. Et, en effet, quel que soit le nombre des lettres qui restent fixes, on pourra exprimer cette circonstance par des équations linéaires qui donneront tous les indices de l'une des lettres fixes, au moyen d'un certain nombre d'entre eux. Donnant à chacun de ces indices, restés arbitraires, p valeurs, on aura p^m systèmes de valeurs, m étant un certain nombre. Dans le cas qui nous occupe, m est nécessairement ≤ 2 et se trouve par conséquent être 0 ou 1. Donc le nombre des substitutions ne saurait être plus grand que

$$p^2(p^2-1)(p^2-p).$$

Ne considérons maintenant que les substitutions linéaires où la lettre $a_{0,0}$ ne varie pas; si, dans ce cas, nous trouvons le nombre total des permutations du groupe qui contient toutes les substitutions linéaires possibles, il nous suffira de multiplier ce nombre par p^2.

Or, premièrement, en substituant p à l'indice k_2, toutes les substitutions de la forme

$$(a_{k_1,k_2},\quad a_{m_1 k_1, k_2})$$

donneront en tout $p-1$ substitutions. On en aura p^2-p en ajoutant au terme k_2 le terme $m_2 k_1$, ainsi qu'il suit :

$$(m') \qquad (k_1, k_2,\quad m_1 k_1, m_2 k_1 + k_2).$$

D'un autre côté, il est aisé de trouver un groupe linéaire de p^2-1 permutations, tel que, dans chacune de ses substitutions, toutes les lettres, à l'exception de $a_{0,0}$, varient. Car, en remplaçant le double indice k_1, k_2 par l'indice simple k_1+ik_2,

i étant une racine primitive de

$$x^{p^2-1} - 1 \equiv 0 \pmod{p},$$

il est clair que toute substitution de la forme

$$[a_{k_1+k_2 i}, \quad a_{(m_1+m_2 i)(k_1+k_2 i)}]$$

sera une substitution linéaire ; mais, dans ces substitutions, aucune lettre ne reste à la même place, et elles sont au nombre de p^2-1.

Nous avons donc un système de p^2-1 permutations tel que, dans chacune de ses substitutions, toutes les lettres varient, à l'exception de $a_{0,0}$. Combinant ces substitutions avec les p^2-p dont il est parlé plus haut, nous aurons

$$(p^2-1)(p^2-p) \text{ substitutions.}$$

Or, nous avons vu *a priori* que le nombre des substitutions où $a_{0,0}$ reste fixe ne pouvait être plus grand que $(p^2-1)(p^2-p)$. Donc il est précisément égal à $(p^2-1)(p^2-p)$, et le groupe linéaire total aura en tout

$$p^2(p^2-1)(p^2-p) \text{ permutations.}$$

Il reste à chercher les diviseurs de ce groupe, qui peuvent jouir de la propriété d'être solubles par radicaux. Pour cela, nous allons faire une transformation qui a pour but d'abaisser autant que possible les équations générales de degré p^2 dont le groupe serait linéaire.

Premièrement, comme les substitutions circulaires d'un pareil groupe sont telles, que toute autre substitution du groupe les transforme les unes dans les autres, on pourra abaisser l'équation d'un degré et considérer une équation de degré p^2-1 dont le groupe n'aurait que des substitutions de la forme

$$(b_{k_1,k_2}, \quad b_{m_1 k_1+n_1 k_2, m_2 k_1+n_2 k_2}),$$

les p^2-1 lettres étant

$$\begin{array}{lllll} & b_{0,1}, & b_{0,2}, & b_{0,3}, & \ldots, \\ b_{1,0}, & b_{1,1}, & b_{1,2}, & b_{1,3}, & \ldots, \\ b_{2,0}, & b_{2,1}, & b_{2,2}, & b_{2,3}, & \ldots, \\ \ldots, & \ldots, & \ldots, & \ldots, & \ldots \end{array}$$

J'observe maintenant que ce groupe est non primitif, en sorte que toutes les lettres où le rapport des deux indices est le même sont des lettres conjointes. Si l'on remplace par une seule lettre chaque système de lettres conjointes, on aura un groupe dont toutes les substitutions seront de la forme

$$\left(b_{\frac{k_1}{k_2}}, \quad b_{\frac{m_1k_1+n_1k_2}{m_2k_1+n_2k_2}}\right),$$

$\frac{k_1}{k_2}$ étant les nouveaux indices. En remplaçant ce rapport par un seul indice k, on voit que les $p+1$ lettres seront

$$b_0, \quad b_1, \quad b_2, \quad b_3, \quad \ldots, \quad b_{p-1}, \quad b_{\frac{1}{0}},$$

et les substitutions seront de la forme

$$\left(k, \quad \frac{mk+n}{rk+s}\right).$$

Cherchons combien de lettres, dans chacune de ces substitutions, restent à la même place; il faut pour cela résoudre l'équation

$$(rk+s)k - m(mk+n) = 0,$$

qui aura deux, ou une, ou aucune racine, suivant que $(m-s)^2+4nr$ sera résidu quadratique, nul ou non résidu quadratique. Suivant ces trois cas, la substitution sera de l'ordre $p-1$, ou p, ou $p+1$.

On peut prendre pour type des deux premiers cas les substitutions de la forme

$$(k, \quad mk+n),$$

où la seule lettre $b_{\frac{1}{0}}$ ne varie pas, et de là on voit que le nombre total des substitutions du groupe réduit est

$$(p+1)p(p-1).$$

C'est après avoir ainsi réduit ce groupe que nous allons le traiter généralement. Nous chercherons d'abord dans quel cas un diviseur de ce groupe, qui contiendrait des substitutions de l'ordre p, pourrait appartenir à une équation soluble par radicaux.

Dans ce cas, l'équation serait primitive et elle ne pourrait être soluble par radicaux, à moins que l'on n'eût $p+1=2^n$, n étant un certain nombre.

Nous pouvons supposer que le groupe ne contienne que des substitutions de l'ordre p et de l'ordre $p+1$. Toutes les substitutions de l'ordre $p+1$ seront par conséquent semblables, et leur période sera de deux termes.

Prenons donc l'expression

$$\left(k, \quad \frac{mk+n}{rk+s}\right),$$

et voyons dans quel cas cette substitution peut avoir une période de deux termes. Il faut pour cela que la substitution inverse se confonde avec elle. La substitution inverse est

$$\left(k, \quad \frac{-sk+n}{rk-m}\right).$$

Donc on doit avoir $m=-s$, et toutes les substitutions en question seront

$$\left(k, \quad \frac{mk+n}{k-m}\right),$$

ou encore

$$k, \quad m+\frac{N}{k-m},$$

N étant un certain nombre qui est le même pour toutes les substitutions, puisque ces substitutions doivent être transformées les unes dans les autres par toutes les substitutions de l'ordre p, $(k, k+m)$; or ces substitutions doivent, de plus, être conjuguées les unes des autres. Si donc

$$\left(k, \quad m+\frac{N}{k-m}\right), \qquad \left(k, \quad n+\frac{N}{k-n}\right)$$

sont deux pareilles substitutions, il faut que l'on ait

$$n+\frac{N}{\frac{N}{k-m}+m-n} = m+\frac{N}{\frac{N}{k-n}+n-m},$$

savoir

$$(m-n)^2 = 2N.$$

Donc la différence entre deux valeurs de m ne peut acquérir que deux valeurs différentes; donc m ne peut avoir plus de trois valeurs; donc enfin $p = 3$. Ainsi, c'est seulement dans ce cas que le groupe réduit pourra contenir des substitutions de l'ordre p.

Et, en effet, la réduite sera alors du quatrième degré, et, par conséquent, soluble par radicaux.

Nous savons par là qu'en général, parmi les substitutions de notre groupe réduit, il ne devra pas se trouver de substitutions de l'ordre p. Peut-il y en avoir de l'ordre $p - 1$? C'est ce que je vais rechercher [1].

. . . .

[1] J'ai cherché inutilement dans les papiers de Galois la continuation de ce qu'on vient de lire. (A. Ch.)

FIN.

TABLE DES MATIÈRES.

FIN DE LA TABLE DES MATIÈRES.

Paris. — Imprimerie GAUTHIER-VILLARS ET FILS.
24572 quai des Grands-Augustins, 55.

24572 Paris. — Imprimerie GAUTHIER-VILLARS ET FILS, quai des Grands-Augustins, 55.

www.ingramcontent.com/pod-product-compliance
Ingram Content Group UK Ltd.
Pitfield, Milton Keynes, MK11 3LW, UK
UKHW021625260726
13994UKWH00003B/1085